可编程控制器项目式教程

主　编　夏文明
副主编　陈　斌　赵俊峰　翁剑峰
　　　　章玲义　曾玉燕
主　审　杨　勇　李　晓

北京理工大学出版社
BEIJING INSTITUTE OF TECHNOLOGY PRESS

图书在版编目（CIP）数据

可编程控制器项目式教程 / 夏文明主编. -- 北京：
北京理工大学出版社，2023.7
　ISBN 978 - 7 - 5763 - 2631 - 4

Ⅰ. ①可… Ⅱ. ①夏… Ⅲ. ①可编程序控制器 - 教材
Ⅳ. ①TM571.61

中国国家版本馆 CIP 数据核字（2023）第 132448 号

责任编辑：钟　博　　文案编辑：钟　博
责任校对：周瑞红　　责任印制：李志强

出版发行 / 北京理工大学出版社有限责任公司
社　　址 / 北京市丰台区四合庄路 6 号
邮　　编 / 100070
电　　话 / （010）68914026（教材售后服务热线）
　　　　　（010）68944437（课件资源服务热线）
网　　址 / http：//www.bitpress.com.cn

版 印 次 / 2023 年 7 月第 1 版第 1 次印刷
印　　刷 / 北京广达印刷有限公司
开　　本 / 787mm×1092mm　1/16
印　　张 / 8.75
字　　数 / 185 千字
定　　价 / 59.00 元

前　言

可编程控制器（PLC）是以计算机技术为核心的通用工业自动化装置。它将传统的继电器控制系统与计算机技术结合，具有可靠性高、灵活通用、易于编程、使用方便等特点，因此在工业自动控制、机电一体化、传统产业改造等方面得到了广泛的应用，被誉为现代工业生产自动化的三大支柱之一。

本书采用校企联合开发的方式，将 PLC 技术标准、岗位能力标准与课程标准融合，依据 PLC 的新技术、新功能，以及高职教育的培养目标，以任务导向模式，通过实际案例的引入，将 PLC 的基础知识、指令系统、编程技巧、安装调试融入实例，突出学生的主导地位。

本书坚持高职高专应用型技术技能人才的培养特色，体现了新的教学方法，理论精练，案例资料丰富，符合机电控制类专业人才培养方案的要求。本书在内容取舍上，注意处理理论知识与操作能力的关系，重点突出应用性；立足于实际，通过大量编程实例来说明 PLC 的原理、指令的使用及编程方法，有利于提高高职学生对相关知识内容的理解能力和实际操作能力。

本书注重技能的综合应用与创新，以真实案例为载体，有机整合电气控制、传感、编程、安装调试等教学内容，强调培养学生的动手能力与解决问题的能力并重；基于工作过程，实施教、学、做一体化教学，通过与实习实训基地的企业合作，将企业需要引入课堂，将课堂搬入企业，进而提高学生的职业技能和素养。

本书以施耐德 M241 系列 PLC 为蓝本，以任务导向模式编写，采用了大量实际应用案例。任务的实现从任务描述、任务目标、任务分析、任务实施、任务评价 5 个方面进行，将相关知识点与实际应用有机结合，使学生能够在生产现场进行简单的程序设计，完成控制系统电气设备的安装、调试、运行、检修、维护等实践操作，初步形成解决生产现场实际问题的应用能力。

全书共分为两个部分。第一部分为知识篇，主要介绍 PLC 的基础知识、编程软件的基础知识和应用。第二部分为实践篇，从建立工程模板开始，逐步熟悉 PLC 的基本指令、多种常见工业通信方式，实现 PLC 在实际场景中的应用，完成综合实验（含 10 个任务）。

全书由夏文明统稿和主编，由陈斌、赵俊峰、翁剑峰、章玲义、曾玉燕担任副主编。施耐德电气（中国）有限公司的杨勇、中北大学的李晓教授担任主审，他们为本书的编写给予了大力支持和帮助，在此表示衷心的感谢。

由于编者水平有限，书中不当之处在所难免，恳请广大读者批评指正。

编　者

1

目　录

知识篇

知识点一 硬件部分——施耐德可编程控制器

一、PLC 基本知识

1. 什么是 PLC？

可编程逻辑控制器（PLC）或可编程控制器是一种坚固耐用的工业数字控制器，适用于控制生产流程，应用于诸如流水线，机器人设备或任何需要高可靠性、易于编程和故障诊断的场合。

PLC 的范围包括从具有与处理器集成在一起的外壳上具有数十个输入和输出（I/O）接口的小型模块化设备到具有数千个 I/O 接口的大型机架安装模块化设备，并且通常可以连接到其他 PLC 和数据采集与监视控制（Supervisory Control And Data Acquisition，SCADA）系统。

PLC 可以被设计用于许多数字和模拟 I/O 布置，具有扩展的温度范围、抗电噪声以及抗振动和冲击的能力。控制机器运行的程序通常存储在非易失性存储器中。

PLC 最初是在汽车制造业中发展起来的，旨在提供灵活、坚固耐用且易于编程的控制器来代替硬接线的继电器逻辑系统。从那时起，PLC 就被广泛用作适应恶劣环境的高可靠性自动化控制器。

PLC 是"硬"实时系统的一个示例，因为它必须在有限的时间内响应输入条件产生输出结果，否则将导致意外情况。

施奈德 M241 系列 PLC 如图 1.1.1 所示。

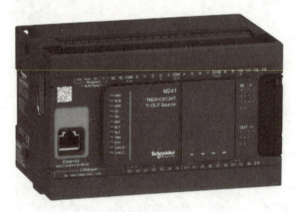

图 1.1.1 施奈德 M241 系列 PLC

2. PLC 发展史

1）PLC 之父——迪克·莫利（Dick Morley）

迪克·莫利（图 1.1.2）之所以被称为"PLC 之父"，源于他在贝德福德协会和 Modicon 工作时期，在第一台可编程数字控制器的发明上所做的开创性工作。

图 1.1.2　迪克·莫利

迪克·莫利在 1954 年从麻省理工学院物理系毕业。作为机床操作工工作一段时间后，1965 年，他在美国东北大学接受了数学研究生教育。在他成立贝德福德协会之前，他是美国马萨诸塞州剑桥（Cambhdge，Massachusetts）电子公司（Electronics Corporation）的一位项目工程师。

他还担任过在贝尔蒙（Belmon）的 ComptronCorporation 的总工程师，负责开发一个磁鼓测试系统、用于电动机转速控制的千瓦级晶体管放大器和一个用于自动车床的三轴数控定位系统。然后，他又在波士顿的 LFE 公司电子部参与了存储设备的研发，并且和组员一起发明了一种大容量的数字存储设备——"伯努利"磁盘。

1964 年 4 月 1 日，他和他的合伙人乔治·史文克（George Schwenk）创立了贝德福德协会——一个坐落在新英格兰（NewEngland）的工程公司。

迪克·莫利把他的重点研究领域放在数值控制、数字系统和数据处理上，这些研究，后来被证明是他在开发第一个 PLC 方面最完美的前期工作。他们的大部分项目都是用固态控制而非继电器来设计系统，以求获得更好的可靠性。他参与过的一些项目包括：为酒店预订开发可编程计算机、开发用于空运和海运的跟踪导航系统和用于人员检测的雷达系统。

他在工作中，一直秉承的设计理念是创新、简洁、直率。

值得一提的是，迪克·莫利是一个全身心投入工作的人，因此他花在家庭上的时间比较少，他自己也说：妻子总是抱怨他不顾家、不关心孩子。不过，虽然与家人在一起的时间不多，但他教育孩子却有自己的一套方法，他每个月和孩子一起进行一次讨论，例如 PLC 的设计，他只告诉孩子应该怎样设计，而不是讲过多的细节。

由于迪克·莫利和他的同事们的卓越工作，世界上第一台 PLC——"Modicon084"（图 1.1.3）诞生了，由此开创了 PLC 产业，并且开启了自动化领域的新时代。

2）发明与早期发展

PLC 起源于 20 世纪 60 年代后期的美国汽车工业，旨在取代继电器逻辑系统。在这之前，用于制造的控制逻辑主要由继电器、凸轮计时器，鼓音序器和专用闭环控制器组成。

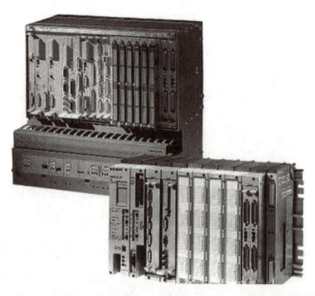

图 1.1.3 Modicon084

硬连线的性质使设计工程师很难更改流程。进行更改需要重新布线并仔细更新文档。只要一根电线连接错误，或者一个继电器发生故障，整个系统就会出现故障。技术人员通常会花费大量时间进行故障排除，方法是检查原理图并将其与现有的布线进行比较。当通用计算机可用时，它很快就被应用于工业过程中的控制逻辑。这些早期的计算机不可靠，需要专业的程序员严格控制工作条件，例如温度、清洁度和电能质量。

与早期的自动化系统相比，PLC 具有许多优势。它比计算机对工业环境的耐受性更好，并且比继电器系统更可靠、更紧凑且所需维护更少。它可以通过附加的I/O 模块轻松扩展，而中继系统在重新配置的情况下需要复杂的硬件更改。这样可以简化制造过程设计中的迭代。凭借重于逻辑和开关操作的简单编程语言，PLC 比使用通用编程语言的计算机对用户更加友好。它还允许对其操作进行监视。早期的PLC 是用梯形逻辑编程的，它非常类似继电器逻辑的示意图。选择该编程方法是为了降低对现有技术人员的培训需求。也有的 PLC 使用指令列表来实现。

3）Modicon

1968 年，GM Hydramatic（通用汽车公司的自动变速箱部门）根据工程师Edward R. Clark 撰写的白皮书，发布了有关电子替代硬接线继电器系统的提案的要求。获奖方案来自马萨诸塞州贝德福德的贝德福德协会，也就是第一个 PLC（开发于 1969 年），其被命名为 084，因为它是贝德福德协会的第 84 个项目。

贝德福德协会创建了一家致力于开发、制造、销售和维修该新产品的公司，名为 Modicon（代表模块化数字控制器）。从事该项目的人之一是迪克·莫利。Modicon 品牌于 1977 年被出售给 Gould Electronics，后来又被出售给现任所有者Schneider Electric。

该产品在为通用汽车公司不间断地服务 20 年后退役，通用汽车公司将其提供给

Modicon 公司。Modicon 公司在其产品系列的末尾使用 084 的代号，直到 984 型号出现为止。

4）艾伦 - 布拉德利

在并行开发，Odo Josef Struger 有时也被称为"可编程逻辑控制器之父"。1958—1960 年，他参与了艾伦 - 布拉德利（Allen - Bradley）的发明，并因发明了 PLC 的缩写而倍受赞誉。在他任职期间，艾伦 - 布拉德利（现在是 Rockwell Automation 的品牌）成为美国主要的 PLC 制造商。Odo Josef Struger 在制定 IEC 61131 - 3 PLC 编程语言标准方面发挥了领导作用。

5）早期编程方法

许多早期的 PLC 无法以逻辑方式进行图形表示，因此它们以某种布尔格式表示为一系列逻辑表达式，类似布尔代数。随着编程终端的发展，梯形逻辑变得越来越普遍，因为它是机电控制面板常用的格式。虽然存在较新的格式，例如状态逻辑和功能块（类似使用数字集成逻辑电路时描述逻辑的方式），但它们仍不如梯形逻辑流行。主要原因是 PLC 按照可预测和重复的顺序执行逻辑，并且梯形逻辑使编写逻辑的人员更容易看到逻辑序列的时序问题。

直到 20 世纪 90 年代中期，人们开始使用专有的编程面板或专用编程终端对 PLC 进行编程，这些终端通常具有专用功能键，这些功能键代表 PLC 程序的各种逻辑元素。虽然一些专有的编程终端将 PLC 程序的元素显示为图形符号，但是触点、线圈和电线的普通 ASCII 字符表示很常见。程序存储在盒式磁带中，由于存储容量不足，所以用于打印和文档编制的设施很少。最古老的 PLC 使用非易失性磁芯存储器。

3. PLC 的特点和构成

1）PLC 架构

PLC 是基于工业微处理器的控制器，具有可编程存储器，用于存储程序指令和提供各种功能。PLC 包含以下部分。

（1）中央处理器单元（CPU），用于解释输入，执行存储在存储器中的控制程序并发送输出信号。

（2）电源单元，用于将交流电转换为直流电。

（3）存储单元，存储输入的数据和由处理器执行的程序。

（4）I/O 接口，控制器在此从外部设备接收和发送数据。

（5）一个通信接口，用于在通信网络上从远程 PLC 接收数据和向远程 PLC 传输数据。

（6）编程设备，用于开发程序并随后将创建的程序下载到 PLC 的存储器中。

（7）现代 PLC 通常包含实时操作系统，例如 OS - 9 或 VxWorks。

2）机械设计

PLC 的机械设计有两种类型。第一种类型是单个盒子作为一个小型 PLC，可将所有单元和接口安装到一个紧凑的外壳中，尽管在通常情况下，还可以使用用于输入和输出的附加扩展模块。第二种类型是模块化 PLC，其具有底盘（也称为机架如

图 1.1.4 所示），该底盘为具有不同功能的模块（例如电源，处理器，I/O 模块的选择和通信接口）提供了空间，所有这些均可针对特定的应用程序。单个处理器可以管理多个机架，并且可能有数千个 I/O 接口。可以使用特殊的高速串行 I/O 链接或类似的通信方法，将机架分布在远离处理器的位置，从而降低大型工厂的布线成本。还可以选择将 I/O 接口直接安装到机器上，并利用快速断开电缆连接到传感器和阀门上，从而节省接线和更换组件的时间。

图 1.1.4　机架

3）离散和模拟信号

离散（数字）信号只能取值"1"或"0"（是或否）。提供离散信号的设备包括限位开关、光电传感器和编码器。离散信号使用电压或电流发送，其中特定的极端范围指定为开和关。例如，控制器可能使用 24 V DC 输入，高于 22 V DC 的值表示接通，低于 2 V DC 的值表示断开，中间值未定义。模拟信号可以使用与监视变量的大小成比例的电压或电流表示，并且可以采用其范围内的任何值。压力、温度、流量和质量通常由模拟信号表示。根据设备和可用于存储数据的位数，通常将它们解释为具有各种精度范围的整数值。例如，模拟量 0～10 V 或 4～20 mA 输入将转换为 0～32 767 的整数值。PLC 采用该值并将其转换为所需的过程单位，以便操作员或程序可以读取它。适当的集成还包括减少噪声的过滤时间，以及报告故障的上限和下限。电流输入对电噪声（例如来自焊工或电动机启动的噪声）的敏感性低于电压输入。PLC 与设备和控制器之间的距离也是一个问题，因为与 4～20 mA 信号相比，高质量 0～10V 信号的最大行进距离非常短。4～20 mA 信号还可以报告导线是否沿路径断开，因为它将返回 0 mA 信号。

4）冗余

一些特殊的流程需要永久运行，以减少不必要的停机时间。因此，有必要设计一种容错系统，并能够处理带有故障模块的过程。在这种情况下，如果硬件组件发生故障，则可以将具有相同功能的冗余 CPU 或 I/O 模块添加到硬件配置中，以防止硬件故障导致全部或部分进程关闭，从而提高系统的可靠性。其他冗余方案可能与对安全至关重要的过程有关，例如，大型液压机可能要求两个 PLC 在压力机下降之前先打开一个输出，以防一个输出不能正确关闭。

5）编程

PLC 的目标用户是没有编程背景的工程师。基于这个原因，一种叫作 LD（梯形图）的图形化编程语言首先被开发出来。它由于和传统的继电逻辑电路原理图非常相似，所以被许多制造商采用，并且被加入 IEC 61131-3 标准。由于 LD 非常简单，目前，它仍然广泛使用。

目前，大多数 PLC 系统都遵循 IEC 61131-3 标准，该标准定义了两种文本化编程语言——ST（结构化文本，类似 Pascal）和 IL（指令列表）；三种图形化编程语言——LD（梯形图），FBD（功能块图）以及 SFC（顺序功能图）。IL 在第 3 版标准中被弃用。

现代 PLC 可以通过多种方式编程——从源自继电逻辑的 LD 语言到经过特殊调整的通用计算机编程语言（例如 BASIC 和 C）。

尽管对于所有制造商来说，PLC 的基础概念是相同的，但是 I/O 寻址、存储组织，以及指令集方面的不同使 PLC 程序很难在不同制造商的 PLC 之间通用。甚至对于同一个制造商，不同的 PLC 套件都可能是不兼容的。

6）编程设备

PLC 程序通常是在编程设备中开发的，编程设备可以是桌面控制台、桌面图形化软件，或者手持式编程设备。程序直接或者通过网络被下载到 PLC 中。PLC 程序要么存储在一个带电源的 RAM 中，要么存储在非易失性存储设备中。在一些 PLC 中，PLC 程序是通过一块编程板从个人计算机（PC）中烧录到可移动的芯片中，例如 EPROM。

制造商为其 PLC 开发编程软件。除了能够使用多种编程语言对 PLC 进行编程之外，制造商还提供一些通用特性，例如硬件诊断和维护、软件调试，以及离线仿真。

一个在 PC 上开发的程序或者从 PLC 中上载的程序，可以很容易地被复制并存储到外部设备中。

7）仿真

PLC 仿真通常是 PLC 编程软件的功能之一。它允许工程师在项目开发的早期对程序进行测试和调试。

不正确的 PLC 程序可能导致生产效率低下和发生危险事故。在仿真环境中对工程进行测试提高工程的可靠性，并降低项目成本与缩短周期。

8）功能

PLC 和其他计算设备不同的之处在于它对恶劣环境（灰尘、潮湿、高温、低温、电磁干扰）的耐受性较强，同时提供扩展 I/O 接口将 PLC 和其他传感器、驱动器连接起来。PLC 的输入可以包括简单的数字量（例如限位开关）、来自过程的模拟量（例如温度和压力），以及更复杂的数据（例如位置和机器视觉系统）。PLC 的输出可以包括指示灯、警报器、电动机、气压缸或液压缸、电磁继电器、螺线管等元素。I/O 设备可以内置在简单的 PLC 中，PLC 也可以具有连接到现场总线或插入 PLC 的计算机网络的外部 I/O 模块。

经过多年的发展，PLC 的功能已经包含了顺序继电控制、运动控制、过程控制，离散控制以及网络控制。一些现代 PLC 的数据处理、存储、通信能力以及功耗与 PC 已经不相上下。现在也出现了一些以通用计算机作为控制器的应用，但是这种控制器在重工业中没有被广泛接受，因为相比于 PLC，PC 运行在不是很稳定的操作系统上，而且 PC 的硬件对恶劣环境（高/低温、潮湿、振动等）的耐受性非常有限。例如在 Windows 等操作系统中，程序执行时间是不确定的，因此，控制器可能不会按照人们预先设计的时序执行指令。这种基于通用计算机的控制器一般用在一些对环境要求不是很高的场合，例如实验室。

9）基本功能

PLC 最基本的功能是模拟机电继电器系统。离散输入被赋予一个特殊的地址，并且 PLC 指令可以测试该输入的状态。一系列的继电器触点执行逻辑与操作，除非所有触点都关闭，否则不允许电流通过，因此一系列的"if on"指令在所有输入都为"on"的情况下会激励输出为"on"。

一些 PLC 强制遵循从左到右、从上到下的指令执行顺序。这和硬接线的继电器系统是相同的，在一些足够复杂的继电器系统中，电流方向可能为从左到右，也可能为从右到左，这取决于周围触点的配置。这种奇怪的现象可能是程序缺陷（bug），也可能是特性，其取决于编程方式。

更加高级的 PLC 指令可能以功能块的方式实现。

10）通信

PLC 使用内建的接口（例如 USB 接口、以太网接口、RS232 接口、RS485 接口、RS422 接口）和外部设备（传感器、驱动器）和［系统编程软件、SCADA、人机接口（HMI）］通信。通信功能依赖于各种各样的工业网络协议，例如 Modbus、Profibus、ProfiNet。许多协议都是 PLC 制造商特有的。

使用在大规模 I/O 系统中的 PLC 可能存在处理器之间的 Peer – to – Peer（P2P）通信。这允许复杂过程的独立部分能够实现相对自主控制，而且互相之间可以通过通信链路进行协调联动。这些通信链路通常用于 HMI 设备或者是 PC 类型的工作站。

11）用户接口

PLC 可能需要和用户交互，以实现配置、报警和日常监控的目的。HMI 就是为该目标设计的（图 1.1.5）。HMI 也叫作 MMI（Man – Machine Interfaces）或者 GUI。一个简单的系统会使用按钮和指示灯来和用户进行交互。也有的系统使用文本化显示和图形化触摸屏（图 1.1.6）。更加复杂的系统使用安装在通用计算机上的编程和监控软件。

12）扫描周期

PLC 在程序扫描周期中重复执行。最简单的扫描周期包括以下 3 个步骤。

（1）读取输入；

（2）执行程序；

（3）写入输出。

程序按顺序逐条被执行，在通常情况下执行时间是固定的，但是如果存在一些远程 I/O 设备，那么通信所消耗的时间可能会被 PLC 系统引入不确定性。

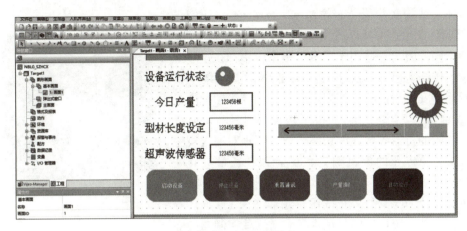

图 1.1.5　HMI 设计

图 1.1.6　触摸屏

随着 PLC 越来越先进，一些方法被开发出来用于改变 LD 的执行顺序，这种强化的编程方式可以被用于节省高速过程的扫描时间。例如，程序中的初始化部分可以从那些需要高速执行的部分分离出来。更新的 PLC 支持程序执行和 I/O 扫描同步执行。这意味着 I/O 数据在后台被更新，逻辑读写操作在逻辑扫描期间被执行。

当 PLC 的扫描时间过长时，可以采用一些特殊的 I/O 模块来实现可预测的性能。当扫描周期过长时，PLC 无法精确探测旋转脉冲，这时可以采用精确时间模块或者计数模块。这使一个相当缓慢的 PLC 仍然能够正确地解释计数值并控制机器。

13）安全

E. A. Parr 在他 1998 年的书中指出，尽管多数 PLC 需要物理按键和密码，以严格访问控制和版本控制系统，但易于理解的编程语言使对程序的非法改动成为可能，而且很难被察觉。

在 Stuxnet 蠕虫出现之前，很少有人关注 PLC 的安全问题。现代 PLC 通常包含一个实时操作系统，这个实时操作系统可能面临和普通桌面操作系统一样的风险。黑客也可以通过攻击与 PLC 相连的计算机来攻击 PLC。自 2011 年起，随着 PLC 逐渐接入办公网，PLC 的安全问题越来越受到关注。

14）安全 PLC

近年来，安全 PLC 逐渐流行——无论是作为独立模型，还是作为添加到现有控

制器体系结构（艾伦－布拉德利 Guardlogix、西门子
F 系列等）中的功能和安全等级硬件。它与传统的 PLC
类型不同，因为它适用于安全关键型应用，在这些应
用中，传统上已为 PLC 加上了硬连线的安全继电器
和专用于安全指令的存储器区域。安全等级的标准是
SIL。例如，安全 PLC 可能被用来控制对具有陷阱键
访问权限的机器人单元的访问，或者管理对输送机生
产线上紧急停止的停机响应。安全 PLC 通常具有受
限制的常规指令集，并添加了特定的安全指令，这些
指令被设计为与紧急停止按钮、光幕（图 1.1.7）等
连接。这种系统提供的灵活性导致对这些控制器的需
求快速增长。

图 1.1.7　光幕

15）PID 控制器

PLC 可能包括用于单变量反馈模拟控制回路的逻辑控制器——PID 控制器。PID
回路可用于控制制造过程的温度。从历史上看，PLC 通常只配置了几个模拟控制回
路。如果过程需要数百或数千个循环，则可使用分布式控制系统（DCS）。随着 PLC
变得越来越强大，DCS 和 PLC 程序之间的界限变得模糊。

16）可编程逻辑继电器

近年来，称为可编程逻辑继电器（PLR）或智能继电器的小型产品越来越被普
遍接受。PLR 与 PLC 相似，用于轻工业中，仅需要几个 I/O 点，并且成本较低。这
些小型设备通常由几个制造商以相同的物理尺寸和形状制造，并由大型 PLC 的制造
商掌握商标，以填补其低端产品的空白。其中大多数具有 8 ~ 12 个离散输入、4 ~
8 个离散输出以及最多 2 个模拟输入。大多数此类设备都包括一个邮票大小的小型
LCD 屏幕，用于查看简化的梯形逻辑（在给定的时间仅显示程序的一小部分）和
I/O 点的状态，通常这些屏幕都具有 1 个 4 向摇杆按钮和 4 个单独的按钮，类似
VCR 遥控器上的按钮，用于导航和编辑逻辑。大多数工具都有一个小插头，用于通
过 RS232 或 RS485 接口连接到 PC，这样程序员就可以使用简单的 Windows 应用程
序进行编程，而不必使用微型 LCD 和按钮设置。与通常模块化且可扩展的常规 PLC
不同，PLR 通常不是模块化或可扩展的，但其价格可能比 PLC 低两个数量级，并且
它提供可靠的设计和确定的逻辑执行功能。

远程使用的 PLC 的一种变体是远程终端单元（RTU）。RTU 通常是一种低功耗、
坚固耐用的 PLC，其关键功能是管理站点与中央控制系统（通常为 SCADA 系统）
或某些现代系统中的"云"之间的通信连接。与使用高速以太网的工厂自动化不
同，与远程站点的通信连接通常基于无线电，并且可靠性较低。为了解决可靠性降
低的问题，RTU 缓冲消息或切换到备用通信路径。缓冲消息时，RTU 为每条消息加
上时间戳，以便可以重建站点事件的完整历史记录。RTU 是 PLC，具有广泛的 I/O
接口，并且可以完全编程，通常使用 PLC、RTU 和分散控制系统（Distributed
Control System，DCS）通用的 IEC 61131 - 3 标准中的语言。在偏远地区，通常将
RTU 用作 PLC 的网关，其中 PLC 执行对所有站点的控制，RTU 管理通信、时间戳

事件并监视辅助设备。在只有少量 I/O 的站点上，RTU 也可以是站点 PLC，并且可以执行通信和控制功能。

4. PLC 和其他控制器的区别

PLC 非常适用于各种自动化任务。这些通常是制造业中的工业过程，其中开发和维护自动化系统的成本相对于自动化的总成本而言是高昂的，并且在系统的整个使用寿命期间都可能对其进行更改。PLC 包含与工业先导设备和控件兼容的 I/O 设备；几乎不需要电气设计，并且设计问题集中在表达所需的操作顺序上。PLC 应用程序通常是高度定制的控制系统，因此与特定的定制控制器设计相比，打包的 PLC 的成本较低。另外，对于批量生产的商品，定制的控制系统是经济的。这是由于组件的成本较低，可以选择最佳组件，而不是"通用"解决方案，并且可以将非经常性工程费用分散在数千或数百万个单元中。PLC 广泛用于运动、定位或转矩控制。一些制造商生产的运动控制单元与 PLC 集成在一起，以便可以使用 G 代码（涉及 CNC 机床）来指示机床运动。

1) PLC 芯片/嵌入式控制器

对于一些小型或者中型尺寸的机器，可以执行诸如 LD 语言的 PLC 和传统 PLC 很相似，但是它们的小尺寸使开发者可以将它们设计进定制的印刷电路板中，就像一个微控制器。它是介于经典 PLC 和微控制器之间的一种工业控制器。

2) 凸轮定时器

对于大体积并且功能非常固定的自动化任务，可以采用其他计数器。例如，一个便宜的消费级洗碗机可能只需要一个便宜的机电凸轮定时器。

3) 微控制器

基于微控制器的设计适合生产数百或数千个单元的情况，因此开发成本（电源，输入/输出硬件的设计以及必要的测试和认证）可以分摊到许多销售中，最终用户无须更改控件。汽车应用就是一个例子。每年建造数百万个单元，很少有最终用户更改这些控制器的编程。

4) 单板计算机

非常复杂的过程控制（例如化学工业中的过程控制）所需要的算法和性能甚至可能超出了高性能 PLC 的能力。高速或精密控制也可能需要定制的解决方案，例如飞机的飞行控制。对于要求严格的控制应用，可以选择使用半定制或完全具有专用硬件的单板计算机，这些应用中可以支持较高的开发和维护成本。在台式计算机上运行的"软 PLC"可以与工业 I/O 硬件连接，同时可以在适应过程控制需求的商业操作系统版本中执行程序。

单板计算机的日益普及也对 PLC 的发展产生了影响。传统的 PLC 通常是封闭的平台，但是一些较新的 PLC（例如 Bosch Rexroth 的 ctrlX、Wago 的 PFC200、Phoenix Contact 的 PLCnext 和 Kunbus 的 Revolution Pi）在开放平台上提供了传统 PLC 的功能。

5. PLC 的发展现状及未来发展趋势

1) PLC 的发展现状

当前 PLC 技术的应用范围几乎涵盖了所有工业行业。然而，目前我国 PLC 应用市场，95%以上被国外产品占领，本土产品处于劣势。这主要是因为在我国自控产业链的两头——底层的现场仪表（尤其是变送器和执行机构）、上层的综合自动化软件基础最为薄弱。我国自行设计制造的智能变送器只占国内市场的9%。顶层综合控制软件能力弱，一方面是因为工控企业对用户的工艺特征理解不深刻，经验积累不足，从而制约了顶层集成能力和快速进入细分市场的能力（工控企业受制于国家关于设计企业资质门槛的规定也是一方面原因），另一方面用户市场对本国工控技术、产品的不认同，也制约了自主研发的工控产品发展的机会。基于上述原因，国产控制系统难以进入重大工程的关键、核心、主体装备，这一市场的大部分仍被国外工控系统垄断，尤其是用于广大离散型工厂自动化的 PLC 系统，情况不容乐观。

PLC 有众多优点，如功能齐全并不断提升，应用灵活简便、维护方便，可靠性和抗干扰能力不断提高，价格低等，这些优点是 PLC 产品能够持久占有市场的根本原因。PLC 之所以能够在众多 IT 产品竞争中长盛不衰，主要是因为其可靠的稳定性。国内制造商们在追求成本的同时，也要保持品质优良和性能稳定这两个基本条件。除此以外，本土 PLC 制造商需要做的还有很多。

面对工业自动化和原始设备制造商（Original Equipment Manufacture，OEM）的逐渐发展、PLC 的应用和技术需求越来越多的现状，通用型 PLC 产品已经难以满足多样化的客户需求，OEM 客户已经不仅关注 PLC 产品的成本和价格，更注重其企业形象、PLC 与自身核心技术的完美融合，因此 PLC 定制化会越来越频繁地出现在各 PLC 厂家的市场需求中。同时，用户对 PLC 网络化的需求也越发旺盛。智能制造的发展，大大推动传统自动化与网络技术的密切结合。在现有的传统应用上，随着智能工厂以及物联网的发展，工厂设备联控、PLC 与上位机及其他智能产品的数据交互、大数据应用等领域，对 PLC 的技术发展提出了新的要求，这是新的机遇，也是极大的挑战。这要求 PLC 产品在维持高性价比的前提下，具备超强的环境适应能力，稳定可靠，并且能够简便地接入各种网络，充分发挥 PLC 产品在数据采集、数据交互方面的作用。

在服务方面，国内 PLC 制造商需要根据用户的要求量身定做，施行专门化的服务策略。对于用户来说，需求具有差异性，特别是装备制造商，对电控的成本尤为重视，根据客户的需求进行量身定做，不仅可以降低产品成本，也可以让用户享受独有的服务。而在售前服务方面，本土制造商可以对用户的 PLC、人机界面、变频器乃至低压电器进行全方位的咨询和配套服务，提供一体化的产品和一站式的服务，发挥自己的本土优势。

2）PLC 的未来发展趋势

随着 IT 与 OT 的融合发展，工业物联网已成为大势所趋，未来 PLC 通信和物联网的相关技术将备受欢迎。通常的 PLC 控制器通信含有 PLC 控制器间的通信及 PLC 控制器与其他智能设备间的通信。随着工控自动化的发展，各 PLC 控制器厂商都十分重视 PLC 控制器的通信功能，纷纷推出各自的网络系统，新的 PLC 控制器都具有通信接口，通信非常方便。微型化程度、集成度会越来越高，随着市场对微型化程度、集成度的要求，PLC 技术更多的集成到工业、汽车、通信等产品当中。PLC 产品的特性是控制和数据处理，在满足功能的同时，工艺上的要求也更加精细化。

PLC 作为工业自动化的核心产品，从诞生那天起就是为了解放劳动力、发展生产力，稳定性是 PLC 乃至整个工控界的首要原则。因此，在安全防护方面或多或少都会做出牺牲。20 世纪，PLC 的安全问题没有得到太大重视，但是随着时代的发展，PLC 的通信方式逐渐网络化，安全问题应运而生，而解决这些安全问题显得迫在眉睫。从目前的发展情况看，从根源上解决漏洞——升级固件，这种方式是不可取的，也是不现实的。现在能够做的就是做好控制器的安全防护，从边界防护入手，安装工业网络安全防火墙、工业隔离网闸；从通信内部入手，安装工控网络监测审计系统、工控入侵检测系统；从管理源头入手，安装工控主机卫士、态势感知系统。目前对工控网络以及 PLC 通信网络的安全防护，基本是一种比较成熟的解决方案。

经过多年的发展，我国 PLC 技术并不存在瓶颈。当前 PLC 技术正在由封闭走向开放，在硬件设计和软件平台上大量采用通用技术和标准化技术，这使 PLC 的设计和开发不再存在技术壁垒。这为后来者提供了开放的技术平台，降低了进入门槛。中国 PLC 市场的高速增长，为国产 PLC 产业化提供了良好的市场基础。其实，PLC 产业难题在于如何解决规模化生产和市场现状的矛盾。当前 PLC 产业需要集中力量于出路、研发、制造与应用四个方面，形成产业链。

3）PLC 技术发展趋势

PLC 技术发展趋势是高集成度、小体积、大容量、高速度、易使用、高功能。具体表现在以下几个方面。

（1）小型化、公用化、低成本——低档 PLC 向微型、简易、价廉的方向发展，这使它能以更优良的功能、更低廉的价格，更广泛地取代继电器控制系统。

（2）大容量、高速度、多功能——中、高档 PLC 向大容量、高速、多功能的方向发展，这使它能取代工业控制微机的部分功能，对大规模、复杂系统进行综合控制。

（3）模块化——开发各种功能明确的公用扩展模块，使公用化的复杂功能由专门模块来完成，主机仅通过通信设备向模块发布命令和测试形态，从而更方便用户系统根据本人的要求构成需要的控制系统。

（4）多样化、标准化——生产 PLC 产品的各厂家都在大力开发新产品，以求占据的更大市场份额，因此产品向多样化的方向发展，出现了欧、美、日多种流派。与此同时，为了推动技术标准化的进程，一些国际性组织，如国际电工委员会（IEC）不断为 PLC 的发展制定一些新的标准，如对各种型号的产品做一定的归纳或定义，或对 PLC 未来的发展制定方向或框架。

（5）加强网络与通信能力——计算机与 PLC 之间以及各个 PLC 之间的连网和通信的能力不断加强，使用工业网络可以节省资源、降低成本、提高系统可靠性和灵活性，使网络的使用有普遍化的趋势。

（6）工业软件发展迅速——与 PLC 硬件技术的发展相适应，工业软件的发展非常迅速，它使系统使用愈加简单易行，大大方便了 PLC 系统的开发人员和操作使用人员。

4）PLC 使用趋势

（1）微型 PLC 普及度提升。

PLC 微型化是行业未来的一大发展趋势。微型 PLC 是 I/O 点数小于 64 的 PLC，具有价格低、集成度高、体积小、效率高、能耗低等优势。在技术方面，微电子技术、自动控制技术等高新技术水平的持续革新为微型 PLC 的发展提供了必备的技术前提和保障，技术驱动力有助于推动 CPU、存储器等 PLC 组成模块的小型化且能够维持 PLC 较高的功能和可靠性。

在市场使用方面，微型 PLC 主要使用于下游 OEM 市场，如机床、工程机械、包装机械、电子设备制造等设备生产制造领域。微型 PLC 因为外部接线简单、可拆卸性较强而适用于简单设备的自动化控制，包括设备起停控制、动作顺序控制、传动控制、运动控制等。受惠于"智能制造"推动的生产控制系统改造和升级，OEM市场增速较快，未来行业对微型 PLC 的市场需求有望进一步增大，微型 PLC 的普及度有望进一步提升。

（2）PLC 与"智能制造"融合发展。

工业 4.0（图 1.1.8）、物联网等新型工业模式近年来呈现出良好的发展态势，未来 PLC 将会在工业互联网、物联网、智能工厂等的发展大势下，在设备通信、控制、数据采集等功能上得以发展，实现与"智能制造"的融合发展，推动制造生产控制系统的自动化，进而助推工业企业的信息化、智能化进程。

图 1.1.8　工业 4.0

在大数据、云计算、人工智能等新兴信息技术的支撑下，"智能制造"具有制造生产环节智能化、生产设备连网互通、数据传输流畅高效等特点，对于生产制造的成本、效率、速度、质量和灵活性均具有较高要求，对工业控制系统的功能及功能方面的可靠性、稳定性和精确性较为依赖。作为工业自动化控制的核心，PLC 在通信、数据采集等方面的功能有望进一步提高，更加精确、稳定、可靠和快速的功能特点应对"智能制造"的高要求，实现与"智能制造"的融合发展。

（3）对于 PLC 信息安全的关注度提升。

随着 PLC 行业的发展，嵌入"智能制造"、物联网等发展图景中的 PLC 将在网络通信功能方面得以发展，因此 PLC 的开放性将逐步提高，在接入、输出更多数据以助力设备通信、端对端通信的同时，PLC 控制系统也将愈加暴露于信息泄露的危险之中。因此，行业对于 PLC 的信息安全功能和安全防护机制将愈加注重，以保证网络通信的稳定可靠和数据交换的精准无误，以及确保 PLC 以安全可控的方式对工业生产进行自动化控制。如为实现 PLC 通信和数据的完整性和保密性，PLC 控制系统设备和网络通信安全问题将得到更多关注；为确保 PLC 网络的安全访问，控制系统环境的可信形态判定处理、可信形态评估等方面的研究力度将加强，以提升 PLC 的安全性，为 PLC 实现自动控制功能提供安全保障。

5）PLC 使用场景

（1）强大的通信控制功能。

如今的工业自动化领域中，数据传输的效率影响着最终工业化生产的效益。PLC 技术是计算机控制和通信领域所衍生的技术，其能通过通信接口和终端相连，完成保存和记录工作，一方面有利于进行后续的升级改进，另一方面可以更好地协助企业完成智能化建设，从而推进人工智能系统对工业设备的控制管理。PLC 通信控制的发展也可以加快物联网的进程，提高计算机对工业设备的监管能力。

（2）控制开关量的逻辑。

PLC 技术最频繁的使用场景便是开关量的控制，PLC 控制系统在抗干扰方面和后期的维护工作上都具有较大的优势，可通过运转速度减小时间消耗以及降低人工成本，如果将 PLC 控制系统和网络结合，可以达到开关量顺序控制以及逻辑控制的最大化。PLC 控制系统在开关量控制领域为工业自动化生产带来了质的飞跃。

（3）控制模拟量。

PLC 控制系统的一大重要功能是可以根据控制管理对象的基本特征进行功能模块重构，实现模拟量控制。通常在企业的模拟量控制中，PLC 控制系统的模拟量控制是核心。首先它可以很好地把握整个过程的进程，其次可以在模拟过程中对仪表运转进行控制。最初 PLC 控制系统可以根据模拟控制中记录的温度变化、电压电流的对应关系进行分析评估，从而使企业工业自动化生产的质量与安全得到保障。

（4）控制运动量、变速调频。

工业自动化领域中的位置控制，主要是使用 PLC 技术控制机械设备的运动。在现实生产过程中，PLC 技术通过脉冲量的大小控制机械设备的运动轨迹，配备专有的控制运动模块，实现高精度的运动控制，以便适应各种工作环境。此外，PLC 控制系统还可以实现变速调频，通过丰富的指令集利用脉冲大小对机械设备发出精确命令，从而达到变速调频的细节功能。

（5）系统集中控制。

PLC 技术不但能够完成对系统的控制，还能对其本身进行集中控制。这一使用场景主要体现为系统的自检机制和故障检测。通过编写代码进行逻辑自检监控是能够实现集中控制的根本原因。工业自动化生产的每个流程都需要花费一定的时间，在系统运转时，PLC 可以通过工步检查以及定时安装进行集中控制，加装警报设置，可以在系统出现逻辑错误时提示，从而大大降低了故障发生率，这对要求稳定的自动化生产是非常重要的保障。

从应用领域来看，小型 PLC 主要应用于纺织机械、电子、包装机械、食品饮料、动力电池、塑胶机械、制药、3C 等细分行业。大型 PLC 主要应用于动力电池、物流、汽车、冶金、纺织机械等行业。

PLC 属于技术密集型产品，从小型 PLC 到大型 PLC，技术壁垒逐步提高，进口替代难度也逐级上升。

6）PLC 市场情况

目前，世界上有 200 多家 PLC 企业，PLC 产品按地域可分成 3 个流派——美国、欧洲、日本。美国是 PLC 生产大国，有 100 多家 PLC 企业，其中著名的有罗克韦尔（Rockwell）、通用电气（GE）、艾默生电气（Emerson）等；欧洲的知名厂商有法国施耐德电气（Schneider）、德国西门子、瑞士 ABB；日本的小型 PLC 具有较高的性价比，占有较大的市场份额，知名厂商主要有三菱、欧姆龙、富士机电、恩基士等。

世界著名 PLC 制造商如下。

（1）ABB 公司，一家从事自动化技术和机器人技术的瑞典–瑞士跨国公司。

（2）贝加莱工业自动化公司，奥地利 PLC 制造商，自 2017 年起隶属于 ABB 集团。

（3）博世力士乐（Bosch Rexroth），一家德国公司，致力于驱动和控制技术，包括工业控制。

（4）艾默生电气公司，一家为工业市场生产产品并提供工程服务的美国公司。

（5）日立工业设备系统公司，日立集团的子公司。

（6）霍尼韦尔工艺（霍尼韦尔国际公司霍尼韦尔高性能材料和技术业务部的业务部门）。

（7）开发自动产品的日本公司 Keyence Corporation。

（8）三菱电机，日本电子和电气设备制造公司，具有 Melsec PLC 系列。

（9）欧姆龙，一家位于日本京都的电子公司。

（10）罗克韦尔公司，接管了艾伦–布拉德利品牌的 PLC。

（11）西门子，一家德国跨国集团公司，致力于开发 Simatic S7 PLC 系列。

（12）施耐德电气（图 1.1.9），拥有原始 Modicon PLC 品牌的法国电气设备公司。

图 1.1.9　施耐德电气标志

中国 PLC 市场的参与厂商主要包括欧美品牌、日韩品牌和本土品牌。

（1）欧美品牌以西门子、罗克韦尔、施耐德电气、通用电气为代表，在大型、中型 PLC 中使用较多，其中西门子在中国 PLC 市场占据领先的市场地位，其 PLC 产品门类较为齐全，大型、中型、小型 PLC 产品的可靠性、稳定性等较为良好，在大型、中型 PLC 细分市场中具有较强的竞争优势。

（2）日韩品牌以三菱、欧姆龙、LG 为代表，主要依靠较高的性价比和渠道优势占据一定的市场份额，其中以三菱和欧姆龙为代表的日本 PLC 在小型控制系统、机床、OEM 设备等细分领域中使用较多。

（3）本土品牌以信捷电气、汇川技术、麦格米特、和利时、台达为代表，其市场规模相对较小，主要以小型 PLC 产品为主。本土品牌的发展策略是以技术研发门槛较低的小型 PLC 进入市场，通过产品定制、成本、服务、响应速度等方面的优势提升行业影响力和市场占有率，在积累一定的技术实力和竞争力后，逐步由小型 PLC 产品向中型、大型 PLC 产品转型。

二、 Modicon M241 简介

1. 配置简介

Modicon M241 PLC（以下简称 M241）适用于具有速度控制和位置控制功能的高性能一体型设备。

该产品内置以太网通信接口，可以提供 FTP 和网络服务器功能，能够更为便捷地整合到控制系统架构中，通过智能手机、平板电脑及计算机等终端应用，实现远程监控和维护。

（1）该产品丰富的内置功能大大降低了设备成本。

①控制器内置功能：Modbus 串行通信接口、USB 编程专用接口、用于分布式架构的 CANopen 现场总线、位置控制功能（伺服电动机控制的高速计数器和脉冲输出）。

②Modicon M3 扩展模块：安全模块、电动机启动器控制模块及远程扩展系统。

③Modicon M4 通信模块。

（2）M241 的 CPU 处理能力和内存容量非常适合它的目标性能应用。

（3）得益于 EcoStruxure Machine Expert 编程软件的直观特性及其强大的功能，可以快速地编写应用程序；同时还能自动转换 Modicon M238 和 M258 系列产品中的应用程序，充分利用已有资源。

1）主要特点

（1）M241 有下列 2 种尺寸（长×宽×高）。

①24 点 I/O 控制器：150 mm×90 mm×95 mm；

②40 点 I/O 控制器：190 mm×90 mm×95 mm。

（2）M241 内置的输入和输出接口都采用可拆卸螺钉接线端子，此端子由 M241 本身提供。

（3）每个 M241 都有一个运行/停止开关。

（4）每个 M241 都有一个标准 SD 存储卡槽（SD 存储卡需要另购）。

（5）每个 M241 都有扩展槽用来安装下列 2 类扩展板。

①模拟量输入或输出扩展板；

②应用扩展板。

（6）每个 M241 都有一个二维码，扫描该二维码可以直接获取技术文档。

2）内置通信

M241 有 5 个通信接口。

（1）内嵌网络服务功能的以太网通信接口；

（2）CANopen（主站）接口；

（3）2 个串行通信接口；

（4）编程接口。

3）内置功能

（1）8 路单相（2 路双相）高速计数（HSC）输入，最大频率为 200 kHz；

（2）4 路高速脉冲；

①P/D、CW 和 CCW 脉冲串（PTO），梯形和 S 曲线加减速，最大频率为 100 kHz；

②脉宽调制（PWM）；

③信号发生器（FG）。

4）处理能力

（1）处理速度：22 ns/布尔指令；

（2）程序大小：10 MB 用于应用程序和变量；

（3）双核 CPU；

（4）RAM：64 MB；

（5）闪存：128 MB。

5）编程功能

M241 利用 EcoStruxure Machine Expert 软件进行编程。

2．内置通信功能

M241 集成多达 5 个内置通信接口。

（1）两个串行通信接口：SL1（RJ45）及 SL2（螺钉接线端子）以编程接口（Mini – USB）；

（2）取决于型号，集成一个以太网接口或者一个以太网接口加上一个 CANopen 接口。

1）以太网通信

M241CEppp PLC 具备一个以太网 RJ45 接口（10/100 Mbit/s，MDI/MDIX），支持下列通信协议：Modbus TCP（客户端/服务器）、Ethernet/IP（适配器）、UDP、TCP、SNMP 及 EcoStruxure Machine Expert 软件（图 1.1.10）。

（1）每个 M241 都有一个内置的网络服务器和 FTP 服务器。其缺省地址取决于 MAC 地址，还可以利用 DHCP 服务器或者 BOOTP 服务器来分配一个 M241 的 IP 地址。

（2）与编程接口（Mini – USB）一样，以太网接口也可以实现上传、更新和调试等功能。

（3）防火墙用于过滤访问 M241 的 IP 地址，以及锁定各个通信协议。

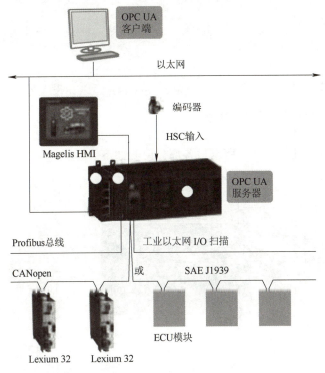

图 1.1.10 以太网通信

2）CANopen 通信

M241CECppp PLC 有一个 CANopen 主站接口。通信速度可配置为 20 Kbit/s ～ 1 Mbit/s，支持多达 63 个从站设备。

（1）CANopen 通信架构可用于分布式 I/O 模块，应尽可能接近传感器和执行器，从而降低接线成本和缩短接线时间，它实现控制器与不同设备之间的通信，如变频器、伺服驱动器等。

（2）CANopen 通信配置集成在 EcoStruxure Machine Expert 软件中，可导入标准 EDS 描述文件。

3）串行通信

（1）每个 M241 有 2 个内置串行通信接口。

① SL1 串口可配置为 RS232 或 RS485。此外，此串口提供一个 5 V/200 mA 的电源，这样就可以连接 Magelis XBTN 或 XBTRT HMI、TCSWAAC13FB Bluetooth 通信适配器或者其他设备。

②SL2 仅能配置为 RS485。

（2）两个内置通信接口都支持以下两种通信协议。

①Modbus ASCII/RTU 主站通信或从站通信协议；

②ASCII 码协议。

（3）可为 M241 供电的编程接口。

每个 M241 都内置一个 Mini – USB 编程接口，专用于与装有 EcoStruxure Machine Expert 软件的计算机通信，且具有以下功能。

① 编程；

② 调试；

③维护。

此外，此编程接口还能为 M241 供电，使 M241 可以在没有外部电源供电的时候完成应用程序下载或更新固件等工作。

4）M241 的结构

M241 的结构如图 1.1.11 所示，各部分说明如下。

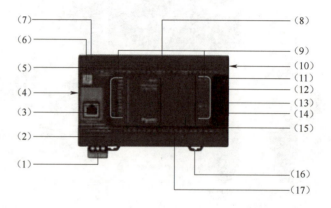

图 1.1.11　M241 的结构

（1）用于连接 24 V 电源或者 100～240 V、频率 50/60 Hz 的电源（取决于型号）可拆卸螺钉接线端子。

（2）连接 CANopen 总线的接口（螺钉接线端子，仅限 M241CECppp）。

（3）连接以太网通信的 RJ45 接口，带状态指示灯（仅限 M241CEppp）。

（4）M4 总线接口：连接至 M4 通信模块。

（5）二维码：用于链接技术文档。

（6）SL1（RS232 或 RS485）：RJ45 接口。

（7）SL2（RS485）：螺钉接线端子。

（8）24 V 直流离散量输入信号连接：可拆卸螺钉接线端子。

（9）LED 指示灯，作用如下。

①控制器及其元件状态（电池、SD 存储卡）；

②内置通信接口状态（CANopen、串口、以太网）；

③I/O 模块状态。

（10）M3 总线接口：连接至 Modicon M3 扩展模块。

（11）～（15）位于橡胶顶盖后方。

（11）运行/停止开关。

（12）标准 SD 存储卡槽。

（13）后备电池槽。

（14）连接编程接口的 Mini – USB 接口。

（15）扩展板插槽：M241Cpp24p 上用 1 个，M241Cp40p 上可用 2 个。

（16）导轨上的锁扣。

（17）离散量输出连接：可拆卸螺钉接线端子。

3. 接线方式

1）输入连接

输入连接如图 1.1.12 所示。

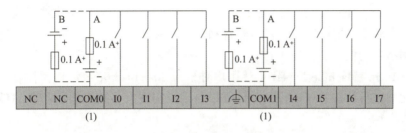

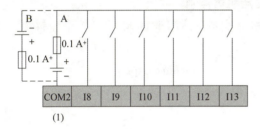

图 1.1.12　输入连接

（1）COM0、COM1 和 COM2 端子未在内部连接。

（2）A 为漏极接线（正逻辑），B 为源极接线（负逻辑）。

2）输出连接

输出连接如图 1.1.13 所示。

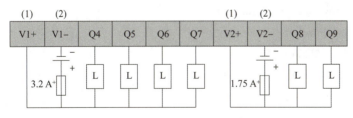

图 1.1.13　输出连接

（1）V1 + 和 V2 + 端子未在内部连接。

（2）V1 – 和 V2 – 端子未在内部连接。

知识点二　软件部分——EcoStruxure Machine Expert 编程软件应用

一、EcoStruxure Machine Expert 软件简介

EcoStruxure Machine Expert 是一款专业、高效且开放的 OEM 软件解决方案，能帮助用户在单个环境中完成开发、配置和试运行整个机器（包括逻辑、电动机控制和相关网络自动化功能）等工作。

EcoStruxure Machine Expert 可让用户对 Schneider Electric 灵活机器控制套件中的一整套元素进行编程并试运行，并且可帮助用户实现大多数机器所需要的最优化控制解决方案。

1. Schneider Electric 灵活机器控制

Schneider Electric 灵活机器控制是适用于 OEM 的一款全面解决方案，它包括以下元素。

（1）1 个软件环境：EcoStruxure Machine Expert。

（2）3 个硬件控制平台类型。

① Logic Controller；

②Motion Controller；

③其他设备：HMI、变速驱动器、伺服驱动器、电动机驱动器传感器、分布式 I/O 模块等。

2. EcoStruxure Machine Expert 集成

EcoStruxure Machine Expert 集成有以下组件。

（1）HMI Controller；

（2）Harmony SCU HMI Controller；

（3）Logic Controller；

（4）Modicon M241；

（5）Modicon M251；

（6）Modicon M262；

（7）Motion Controller；

（8）Modicon M262；

（9）PacDrive LMC Eco；

（10）PacDrive LMC Pro/Pro2；

（11）HMI Harmony 图形面板；

（12）Harmony XBTGH；

（13）Harmony GK；

（14）Harmony GTO；

（15）Harmony GTU；

（16）Harmony GTUX。

EcoStruxure Machine Expert 软件还能够与由 EcoStruxure Operator Terminal Expert 配置的 HMI 图形模板通信。

EcoStruxure Machine Expert 软件可通过 Modbus 连接支持其他不支持 EcoStruxure Machine Expert 协议的 HMI 图形面板。

3. 特性与功能

EcoStruxure Machine Expert 软件提供以下特性与功能。

（1）所有 IEC 61131 – 3 语言；

（2）集成的现场总线配置器；

（3）集成的轴编辑器；

（4）专家诊断和调试；

（5）可视化屏幕；

（6）安全屏幕；

（7）通过 Machine Expert Installer 升级软件以及获得在线帮助；

（8）集成功能块探测器以简化编程；

（9）集成功能树，能够根据用户的具体要求分组并显示控制器的内容；

（10）集成式 OPC DA 和 OPC UA 服务器；

（11）可选装 HMI 应用程序开发工具 Vijeo – Designer；

（12）可选装 HMI 应用程序开发工具 EcoStruxure Operator Terminal Expert；

（13）可选装 EcoStruxure Machine Expert – Safety，用于配置安全控制器。

（14）可选装 Controller Assistant，用于管理固件和下载应用程序。

（15）应用程序和功能模板；

（16）机器代码分析；

（17）集成在标准项目中的智能模板；

（18）创建并配置控制器证书；

（19）启用项目文件加密；

（20）服务工具（如 Motion Sizer）与 EcoStruxure Machine Expert 软件之间的数据交换。

4. 简化用户工作流程

在 EcoStruxure Machine Expert 软件的帮助下，用户只需以下项目，即可设计完整的解决方案。

（1）1 个软件程序；

（2）1 个项目文件；

（3）1 个电缆连接；

（4）1 个下载。

5. 专用 OEM 库

EcoStruxure Machine Expert 软件集成了经过测试、验证、归档且被支持的专门用于许多 OEM 应用程序的专用应用程序库和项目模板。简单的配置方法能够加快设计、试运行、安装和故障排除的速度。

二、 EcoStruxure Machine Expert 软件概述

1. 可视化图形用户界面

EcoStruxure Machine Expert 软件的导航功能以可视化方式呈现，非常直观，选择所需工程的开发阶段后即可使相应的工具处于可用状态。

其用户界面具有以下优势。

（1）有助于确保不遗漏任何内容。

（2）在整个工程开发周期中建议要执行哪些任务。

（3）其工作空间经过简化，仅显示与任务有关且必要的条目，避免出现任何多余的信息。

2. 学习中心

EcoStruxure Machine Expert 软件提供了通向学习中心网站的链接，其中包含用于自学的动画、文档和编程示例。

3. 工程管理

用户可以在使用或不使用以下帮助内容的情况下创建新项目。

（1）所提供的示例；

（2）所提供的应用程序模板。

EcoStruxure Machine Expert 软件可以快速访问最近使用的工程。

4. 工程属性

可以使用 EcoStruxure Machine Expert 软件将以下条目添加到项目中。

（1）附加的文字信息；

（2）附加文档；

（3）附加个人徽标；

（4）附加配置图片；

（5）项目版本管理。

EcoStruxure Machine Expert 软件可通过创建自动备份来保留项目历史记录。

5. 配置

通过 EcoStruxure Machine Expert 软件可以轻松构建架构并配置架构的设备。

6. 编程

高级控制和 HMI 功能满足了 OEM 工程师在创建控制和可视化系统方面的需要。通过快速模拟控制或 HMI 系统，可以随时进行设计和功能性测试。

7. 文档

打印的文档是任何项目的重要元素。可以使用 EcoStruxure Machine Expert 软件执行以下步骤，以便生成和自定义项目报告。

（1）选择要包含在报告中的项目；

（2）调整各个部分；

（3）定义页面布局；

（4）启动打印流程。

三、 机器透明度

1. Machine Expert 协议

Machine Expert 协议是为控制器和 HMI 提供透明访问的首选协议。

Machine Expert 协议可用于以下任何情形的数据交换。

（1）EcoStruxure Machine Expert 软件（PC）与运行时系统（控制器、HMI）之间（通过 Vijeo‑Designer 配置）；

（2）PLC 与支持 Machine Expert 协议的集成 HMI 之间。

2. 单一电缆连接

因为 EcoStruxure Machine Expert 软件只需使用从 PC 到 PLC 和由 Vijeo‑Designer 配置的 HMI 的同一电缆传输数据，所以具有便利性。

图 1.2.1 所示为等效访问。

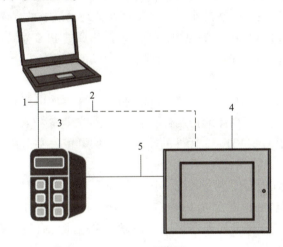

图 1.2.1 等效访问

1—EcoStruxure Machine Expert PC 与 PLC 之间的连接；2—EcoStruxure Machine Expert PC 与 HMI 之间的替代连接；3—PLC；4—HMI；5—PLC 与 HMI 之间的连接

针对 PLC 的下载和试运行，可以通过两种不同方式来执行。

（1）直接连接：直接将 EcoStruxure Machine Expert PC 连接至 PLC，PLC 随后会将信息路由到 HMI。

（2）替代连接：将 EcoStruxure Machine Expert PC 连接至 HMI，HMI 随后将信息路由到 PLC。这样，EcoStruxure Machine Expert PC 将直接连接至 HMI（2），然后通过 HMI 连接至 PLC（5）。

3. 一次性变量定义

在透明的 Machine Expert 协议下，用户只需在项目中定义变量一次，即可通过基于符号名称的发布‑订阅机制，使其用于任何其他 HMI 或 PLC。变量发布后，其他 HMI 或 PLC 便可以订阅这些变量，而无须重新输入变量定义。

发布 – 订阅机制具有以下优势。

（1）在 PLC 和 HMI 之间共享单一的变量定义；

（2）通过简单的选择即可发布和订阅变量；

（3）变量交换定义与介质（串行线路等）无关。

四、 EcoStruxure Machine Expert 软件 PLC 语言类型概述

1. IEC 61131 –3 标准

IEC 61131 –3 是由 IEC 于 1993 年 12 月所制定 IEC 61131 标准的第 3 部分，用于规范 PLC、DCS、IPC、CNC 和 SCADA 的编程系统的标准，应用 IEC 61131 –3 标准已经成为工业控制领域的趋势。在 PLC 方面，编辑软件只需符合 IEC 61131 –3 标准规范，便可借由符合各项标准的语言架构建立任何人皆可了解的程序。

（1）IEC 61131 –3 标准的软件模型是一种分层结构，每一层均隐含其下层的许多特征。

（2）IEC 61131 –3 标准奠定了将一个复杂的程序分解为若干个可以进行管理和控制的小单元，而这些被分解的小单元之间存在清晰而规范的界面。

（3）IEC 61131 –3 标准可满足由多个处理器构成的 PLC 系统的软件设计。

（4）IEC 61131 –3 标准可方便地处理事件驱动的程序执行（传统 PLC 的软件模型仅为按时间周期执行的程序结构）。

（5）对以工业通信网络为基础的分散控制系统（例如由现场总线将分布于不同硬件内的功能块构成一个具体的控制任务），尤其是软逻辑/PC 控制这些正在发展中的新兴控制技术，IEC 61131 –3 标准的软件模型均可覆盖和适用。由此可见，该软件模型足以映像各类实际系统。

对于只有一个处理器的小型系统，该软件模型只有一个配置、一个资源和一个程序，与大多数 PLC 的情况完全相符。对于有多个处理器的中、大型系统，整个 PLC 被视作一个配置，每个处理器都用一个资源来描述，而一个资源则包括一个或多个程序。对于分散型系统，将包含多个配置，而一个配置又包含多个处理器，每个处理器用一个资源描述，每个资源则包括一个或多个程序。

2. IEC 61131 –3 标准的优势

IEC 61131 –3 标准的优势在于它成功地将现代软件的概念和现代软件工程的机制用于 PLC 传统的编程语言。而它的不足是因为它在体系结构和硬件上依赖传统的 PLC 体系结构所形成的"先天不足"。

IEC 61131 –3 标准的优势如下。

（1）采用现代软件模块化原则。

①编程语言支持模块化，将常用的程序功能划分为若干单元，并加以封装，构成编程的基础。

②模块化时只设置必要的、尽可能少的输入和输出参数，尽量减少交互作用，尽量减少内部数据交换。

③模块化接口之间的交互作用均采用显性定义。

④将信息隐藏于模块内,对用户来讲只需了解该模块的外部特性(即功能,输入/输出参数),而无须了解模块内算法的具体实现方法。

(2) IEC 61131 – 3 标准支持自顶而下(top – down)和自底而上(bottom – up)的程序开发方法。用户可先进行总体设计,将控制应用划分若干个部分,定义应用变量,然后编各个部分的程序,这就是自顶而下。用户也可以先从底部开始编程,例如先导出函数和功能块,再按照控制要求编制程序,这就是自底而上。无论选择何种开发方法,IEC 61131 – 3 标准所创建的开发环境均会在整个编程过程中给予强有力的支持。

(3) IEC 61131 – 3 标准所规范的编程系统独立于任何一个具体的目标系统,它可以最大限度地在不同的 PLC 目标系统中运行。这样就创造了一种具有良好开放性的氛围,奠定了 PLC 编程开放性的基础。

(4) IEC 61131 –3 标准将现代软件概念浓缩,并加以运用,例如:

①数据使用 DATA_ TYPE 说明机制;

②函数使用 FUNTION 说明机制;

③数据和函数的组合使用 FUNTION_ BLOCK 说明机制。

3. IEC 61131 –3 标准的 PLC 语法

自动化控制是由许多元件组成的,在 20 世纪 90 年代之前其控制器不仅占用空间大,且回路流程不易修改与维护,PLC 的出现使这些问题得到决解,它也逐渐取代传统的继电器元件控制方式,诸多厂商投入 PLC 的开发,PLC 的语法也越来越多,使用者在不同品牌间程式转换不便。因此,IEC 便开始收集整理各厂商的控制语法,在 1993 年制定了 IEC 61131 –3 标准以统一 PLC 的语法。

IEC 61131 –3 标准所规范的语法提出一套可跨越不同目标平台的 PLC 实现机制。规范中通过模组化的规划与设计,将控制动作分为逻辑运算与硬件动作两个部分,逻辑运算以共同的描述格式来统一 IEC 61131 –3 标准所定义的各语法并加以实现,硬件动作则针对各硬件设计专属的固件函式库,使控制逻辑可以在各目标平台上使用硬件资源,这样的设计使不同的控制芯片皆可执行以 IEC 61131 –3 标准语法所设计的控制动作,而设计人员只需学会 IEC 61131 –3 标准语法,便可使用其所支援的控制芯片进行 PLC 设计。此外,由于所设计的程式码可以在不同的目标平台间重复使用,所示通过自行建立的函式库及利用重复使用的特性,可缩短自动化流程的开发时间。

1) FBD 语言

FBD 是面向图形的编程语言(图 1.2.2)。它与网络列表一起使用。每个网络都包含框和连接线的图形结构,该图形结构表示逻辑或算术表达式、功能块的调用、跳转或返回指令。

2) LD 语言

LD 是基于图形的编程语言,与电路结构相似。

LD 一方面,梯形图适用于构建逻辑开关,另一方面可让用户和在 FBD 中一样创建网络。因此,LD 可用于控制其他 POU(运算块)的调用。

LD 由一系列网络构成,每个网络由左侧的垂直电流线(电轨道)限制。包含电路图的网络由触点、线圈、可选用的额外 POU 和连接线组成(图1.2.3)。

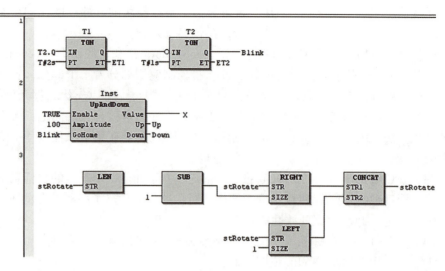

图 1.2.2　FBD 示意

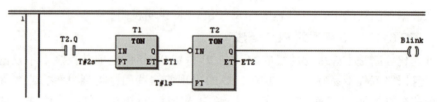

图 1.2.3　LD 示意

在左侧，存在一个或一系列触点，从左至右传递条件 ON（开）或 OFF（关），与布尔值 TRUE 和 FALSE 对应。每个触点都分配有一个布尔变量。如果该变量为 TRUE，将沿着连接线从左至右传输对应条件。否则，将会传输 OFF（关）。从而，放置在网络右侧的线圈会收到来自左侧的 ON（开）或 OFF（关）。相应地会将值 TRUE 或 FALSE 写入分配的布尔变量。

3）IL 语言

IL 是一种类似汇编程序的 IEC 61131-3 共形编程语言（图 1.2.4）。

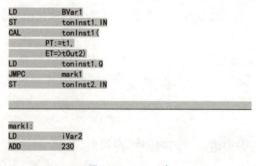

图 1.2.4　IL 示意

IL 语言支持基于累加器的编程、EC 61131-3 操作符以及多输入/多输出、取反、注释、输出的设置/重置和无条件/有条件跳转。

　　每个指令主要通过使用 LD 操作符将值载入累加器来发挥作用。此后会使用从累加器中获得的第一个参数执行操作。操作的结果可在累加器中使用，在累加器中使用 ST 指令保存结果。

　　对于有条件执行或循环编程，IL 同时支持两种比较运算符，例如 EQ、GT、LT、GE、LE、NE 和跳转。后者可为无条件（JMP）或有条件（JMPC/JMPCN）。对于有条件跳转，将引用累加器的值来确定 TRUE 或 FALSE。

4）CFC 语言

　　CFC（连续功能图）是 IEC 61131 – 3 标准的扩展，并且是一种基于 FBD 语言的图形编程语言，但是与 FBD 语言相比，不存在网络。CFC 允许自由定位图形元素，由此反过来可允许反馈回路（图 1.2.5）。

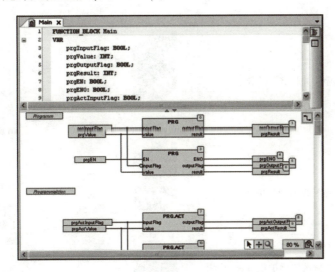

图 1.2.5　CFC 示意

5）SFC 语言

　　SFC 是基于图形的语言，描述程序内特定操作的时间顺序。这些操作可作为单独的编程对象使用，以任何可用的编程语言编写（图 1.2.6）。在 SFC 中，将时间顺序分配至步元素，并且通过转移元素来控制处理顺序。

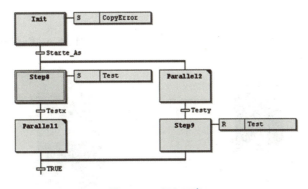

图 1.2.6　SFC 示意

五、 EcoStruxure Machine Expert 软件的使用

1. 如何下载和上载源代码

借由下载和上载源代码操作，能够将项目源代码保存到 PLC 中，并在以后检索。通过检索到的 EcoStruxure Machine Expert 项目文件，可以连接到 PLC 进行维护等操作，无须首先将应用程序加载到 EcoStruxure Machine Expert 软件中。注意：必须维持应用程序源代码与应用程序的已编译对象代码之间的一致性。如果修改源代码，务必编译应用程序并将其也下载到 PLC 中。下载和上载源代码的图示见表 1.2.1。

表 1.2.1　下载和上载源代码的图示

操作	图示
1. 开发应用程序，并将其下载到 PLC 中	
2. 将项目源代码下载到 PLC 中	competeinfo文件 archive.prj文件 opt文件
3. 以后可能需要修改或维护项目。 （1）将项目源代码从 PLC 上载到 EcoStruxure Machine Expert 软件； （2）与上载的项目一起连接到 PLC。 （3）修改上载的项目，并执行在线更改	competeinfo文件 archive.prj文件 opt文件
4. 修改之后，下载项目源代码。	—

2. 硬件配置

由以太网进行通信，需将 PLC 和安装 EcoStruxure Machine Expert 软件的 PC 设置为同一网段（图 1.2.7）。

图 1.2.7　硬件配置

3. 下载源代码的步骤

下载源代码的步骤见表1.2.2。

表1.2.2　下载源代码的步骤

步骤	动作
1	创建或打开项目
2	在 Logic Builder 中，通过"项目"→"项目"设置命令打开项目
3	选择源下载，清除复选框使用精简下载。也可以在计时区域激活选项，隐含在创建启动项目中以便每次创建启动项目时执行源下载。 注意：有关其他可用选项，请参阅"项目设置"→"源下载"对话框。 单击"附加文件"按钮，勾选相应复选框下载信息文件。 注意：如果项目包含未通过 EcoStruxure Machine Expert 提供的库或设备，或者打算借由不同的 EcoStruxure Machine Expert 设备（不同的 PC）执行源代码的下载和上载，则选择选项所引用设备、所引用库。 选择库配置文件和可视化配置文件，以通过使用不同的 EcoStruxure Machine Expert 版本执行源代码的下载和上载
4	单击"确定"按钮（2次）退出窗口
5	选择"在线"→"创建"命令启动应用程序。 结果：启动项目被创建，源代码被下载。 注意：如果在第3步中激活计时区域的选项，则必须手工进行此操作。 （1）选择"文件"→"源下载"命令。 结果：控制器选择视图打开。 （2）从列表中选择作为源代码下载位置的 PLC。 底部的节点名称必须对应于窗口顶部的所选 PLC。 （3）单击"确定"按钮。 结果：状态栏中将指示源代码下载进度。
6	在控制器设备编辑器中，打开"文件"选项卡，确认源代码已被下载。 结果：创建了新的 archive. prj 文件。检查文件的修改日期

4. 从 PLC 上载源代码的步骤

从 PLC 上载源代码的步骤见表1.2.3。

表1.2.3　从 PLC 上载源代码的步骤

步骤	动作
1	关闭 EcoStruxure Machine Expert 中的项目
2	将 PLC 连接到 PC。 结果：选择 PLC 对话框随即打开，并扫描以太网网络和 USB 接口以确认可用的 PLC
3	选择显示列表中的 PLC 并单击"选择"按钮。
4	在选项对话框中，选择选项从 PLC 上载项目，然后单击"继续"按钮。 结果：短暂延迟之后，项目存档对话框随即打开
5	选择空文件夹，以便将提取的元素从 PLC 复制到该文件夹中，然后单击"提取"按钮。 结果：如要打开 EcoStruxure Machine Expert 中的项目，则会显示一条消息

续表

步骤	动作
6	单击"是"按钮。 结果：系统就绪时，"Logic Builder"按钮激活
7	单击"Logic Builder"按钮。 结果：上载的项目在 Logic Builder 中打开
8	登录到 PLC

5. 更新固件

若 PLC 无法下载程序，原因除了可能是 IP 地址设置错误，还有可能是固件版本不对。

选择"工具"→"外部工具"→"打开 Controller Assistant"命令，如图 1.2.8 所示。

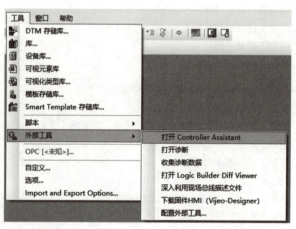

图 1.2.8　更新固件

6. 升级固件

选中使用的 PLC 和对应的固件版本，单击"下一步"按钮①，如图 1.2.9 所示。

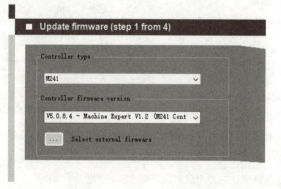

图 1.2.9　升级固件（1）

---

① 图中未显示，后同。

设置 PLC 升级固件后的 IP 地址（之后可更改），如图 1.2.10 所示。

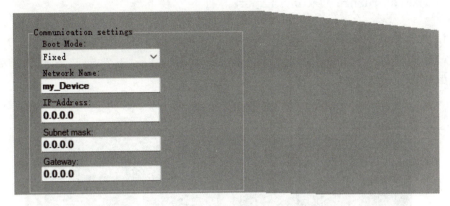

图 1.2.10　升级固件 （2）

将固件下载到 SD 存储卡中，需先格式化，然后单击"下一步"按钮，如图 1.2.11 所示。

Write to...

图 1.2.11　升级固件 （3）

选中所用的 SD 存储卡，若没有 SD 存储卡则为空，单击"下一步"按钮，如图 1.2.12 所示。

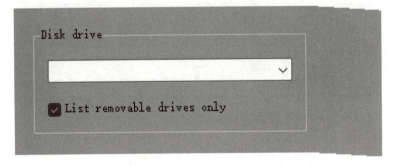

图 1.2.12　升级固件 （4）

下载完成后将 PLC 下电，插入 SD 存储卡后再上电，重启后 SD 存储卡指示灯先闪烁后长亮则升级完成，下电后拔出 SD 存储卡，连接 PC 查看版本，需注意升级时请勿断电和拔卡。

六、 EcoStruxure Machine Expert 软件的安装

1. 配套软件的安装

（1）直接输入"https：//www. schneider – electric. cn/zh/"或者在网上搜索施耐德电气官方网站（图1.2.13）。

图 1.2.13　施耐德电气官方网站

（2）搜索 EcoStruxure Machine Expert Software Installer 程序（图 1.2.14）。

图 1.2.14　EcoStruxure Machine Expert Software Installer 程序

（3）单击"下载"按钮下载安装程序（图1.2.15）。

图 1.2.15　下载安装程序

（4）下载完成后打开安装包，接受条款然后单击"下一步"按钮（图1.2.16）。

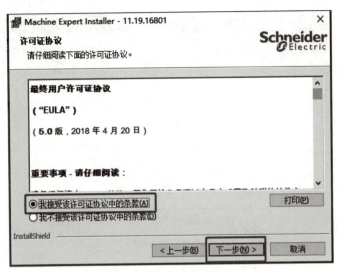

图 1.2.16　接受条款

（5）单击"安装"按钮，等待安装完成（图1.2.17）。

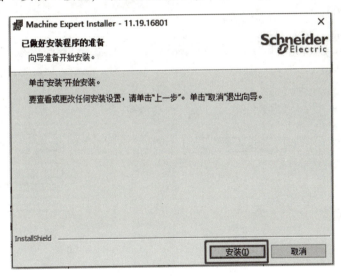

图 1.2.17　进行安装

（6）在桌面双击安装程序图标打开安装程序（图1.2.18）。

图 1.2.18　安装程序图标

（7）单击安装新软件，注意安装过程需全程联网（图1.2.19）。

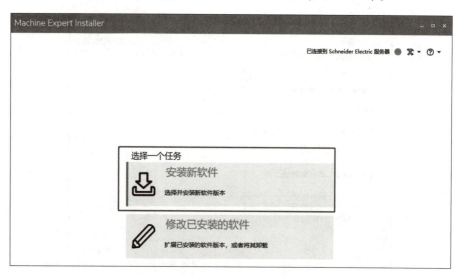

图 1.2.19　安装新软件

（8）选中需要安装的版本（本书所使用版本为图示版本），单击"下一步"按钮（图1.2.20）。

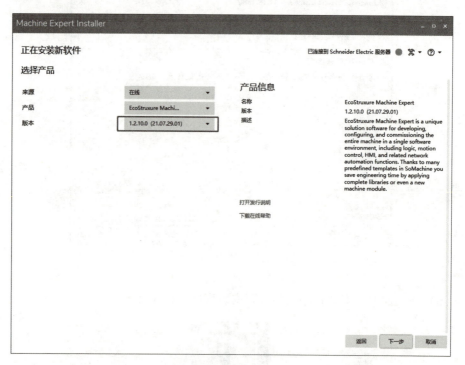

图 1.2.20　选择版本

（9）可自定义安装功能，若硬盘空间足够，建议全选（图 1.2.21）。

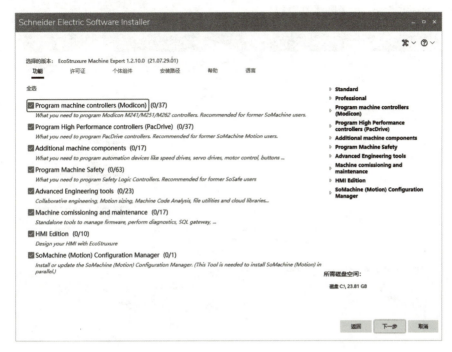

图 1.2.21　自定义安装功能

（10）在帮助界面选择中文，安装中文帮助文件（图 1.2.22）。

图 1.2.22　安装中文帮助文件

（11）在语言选择界面选择中文，并将缺省语言改为中文，其他选项默认即可，单击"下一步"按钮（图1.2.23）。

图1.2.23　选择语言

（12）接受协议，单击"开始安装"按钮（图1.2.24）。

图1.2.24　开始安装

（13）等待下载和安装，此过程时间长短和网络状况有关（图1.2.25）。

图1.2.25　等待下载和安装

（14）单击"完成"按钮，完成安装（图1.2.26）。

图1.2.26　完成安装

2. 其他相关软件的安装

1）Vijeo designer 的安装

Vijeo designer 用于触摸屏编程。

（1）在施耐德电气官网搜索 Vijeo designer Basic（图 1.2.27）。

图 1.2.27　搜索 Vijeo designer Basic

（2）单击"下载"按钮（图 1.2.28）。

图 1.2.28　单击"下载"按钮

（3）打开安装包，单击"下一步"按钮（图 1.2.29）。

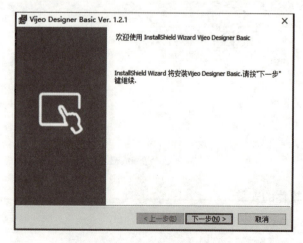

图 1.2.29　单击"下一步"按钮

（4）接受条款并单击"下一步"按钮（图1.2.30）。

图 1.2.30　接受条款

（5）自定义安装目录并单击"下一步"按钮（图1.2.31）。

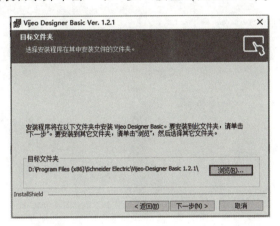

图 1.2.31　自定义安装目录

（6）自定义工程文件存放目录并单击"继续"按钮（图1.2.32）。

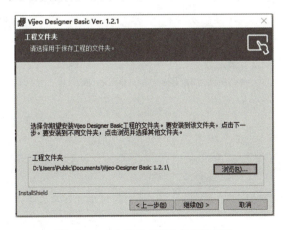

图 1.2.32　自定义工程文件存放目录

（7）选择语言并单击"继续"按钮（图1.2.33）。

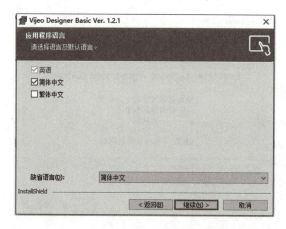

图1.2.33　选择语言

（8）创建桌面快捷方式并单击"下一步"按钮（图1.2.34）。

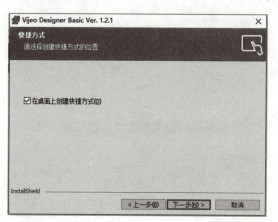

图1.2.34　创建桌面快捷方式

（9）单击"安装"按钮（图1.2.35）。

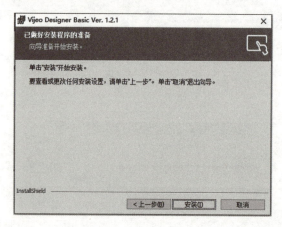

图1.2.35　单击"安装"按钮

（10）完成安装（图1.2.36）。

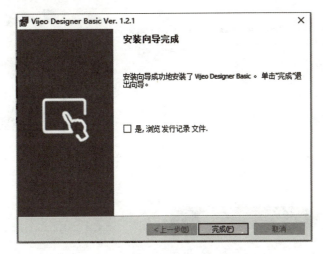

图1.2.36　完成安装

2）SoMove 的安装（非必需安装）

SoMove 可用来配置变频器和伺服驱动器，也可直接用这些设备上的 HMI 和按键来配置，使用 SoMove 进行配置时需知道设备的 IP 地址或者使用专用线缆进行配置。

（1）在施耐德电气官网搜索 SoMove（图1.2.37）。

图1.2.37　SoMove

（2）单击"下载安装文件"按钮（图1.2.38）。

（3）打开安装文件，安装软件需要的项目（若已安装则不会跳出，可以略过这一步，图1.2.39）。

（4）单击"下一步"按钮（图1.2.40、图1.2.41）。

图 1.2.38　单击 "下载安装文件" 按钮

图 1.2.39　安装软件需要的项目

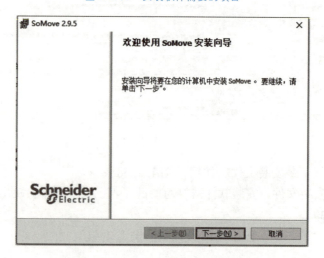

图 1.2.40　单击 "下一步" 按钮 （1）

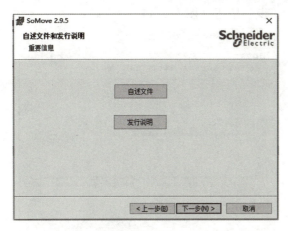

图 1.2.41 单击 "下一步" 按钮 （2）

（5）接受条款并单击"下一步"按钮（图1.2.42）。

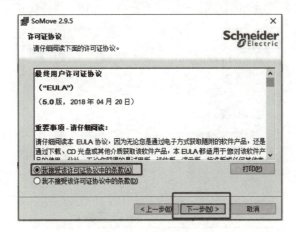

图 1.2.42 接受条款

（6）输入任意3位以上的字母，然后单击"下一步"按钮（图1.2.43）。

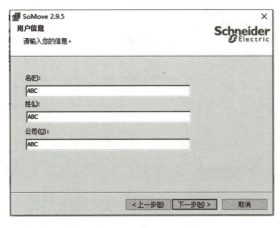

图 1.2.43 输入用户信息

（7）单击"下一步"按钮（图1.2.44）。

图1.2.44　单击 "下一步" 按钮

（8）自定义是否创建快捷方式，单击"下一步"按钮，等待安装完成（图1.2.45）。

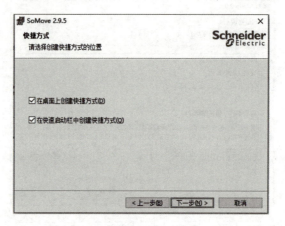

图1.2.45　自定义是否创建快捷方式

（9）单击"完成"按钮，完成安装（图1.2.46）。

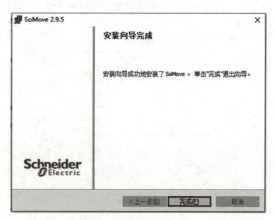

图1.2.46　完成安装

实践篇

任务一 EcoStruxure Machine Expert（ESME）建立 M241 工程模板

一、任务描述

本任务为后续任务的基础，指导如何创建对应 PLC 的工程模板、修改 PLC 的 IP 地址、增改 PLC 的程序。

二、任务目标

1. 知识目标
学习建立工程模板，修改 PLC 程序与 IP 地址的方法。

2. 技能目标
（1）建立工程模板；
（2）修改 PLC 的 IP 地址；
（3）使用 LD 语言添加程序。

3. 素养目标
（1）守纪律、讲规矩、明底线、知敬畏；
（2）安全无小事，增强安全观念，遵守组织纪律；
（3）培养质量和经济意识；
（4）领悟吃苦耐劳、精益求精等工匠精神的实质；
（5）培养动手、动脑和勇于创新的积极性；
（6）培养耐心、专注的素质；
（7）培养安全与环保责任意识；
（8）培养严谨求实、认真负责、踏实敬业的工作态度。

三、任务分析

1. 任务目的
本任务的目的是使用 ESME，根据具体情况创建一个 M241 的工程模板。

2. 材料准备
装有 ESME 的计算机。

3. 任务要求
（1）在任务报告中提交操作的步骤说明，并附上关键操作的截图；
（2）提交任务报告并保留每个任务的完整工程文件。

四、 任务实施

（1）执行"文件"→"新建工程"命令，打开图 2.1.1 所示界面。

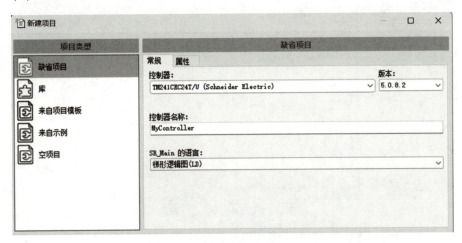

图 2.1.1　创建项目界面

在"控制器"下拉列表中选择要项目使用的 PLC，这里为 TM241CEC24T/U，设备型号可在设备外壳上找到。

在"SR_Main"下拉列表中选择预创建的程序使用的语言，这里选择"逻辑梯形图（LD）"选项，程序可以在后续进行修改和增加。

（2）工程新建完成后界面如图 2.1.2 所示。

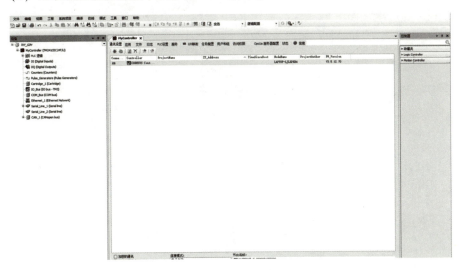

图 2.1.2　工程新建完成后界面

左侧为导航窗口，可以配置通信接口（图 2.1.3）、增改程序（图 2.1.4）、修改 PLC 的 IP 地址（图 2.1.5）等。

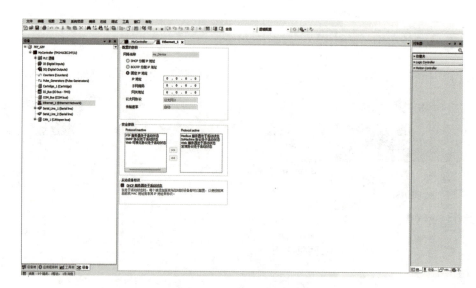

图 2.1.3　以太网通信接口配置

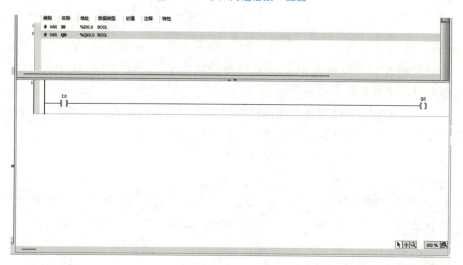

图 2.1.4　增改程序

图 2.1.5　修改 PLC 的 IP 地址

五、 任务评价

任务评价见表2.1.1。

表 2.1.1　任务评价

评分要素	技术要求	配分	评分细则	得分	备注
程序设计	设计的代码能实现预期功能	60	1. 设计方案合理（15分） 2. 程序代码整洁规范（10分） 3. 功能完善（10分） 4. 可读性强（10分） 5. 调试通过（15分）		
程序仿真	仿真能实现预期效果	15	实现仿真功能（15分）		
硬件测试	硬件测试效果明显	20	1. 操作顺序合理（10分） 2. 测试效果明显（10分）		
安全文明生产	整理台面和仪器箱	5	1. 实验台面整洁、凳子放回原位（2分） 2. 实验挂件齐全，无损毁（3分）		
总分					

任务二　EcoStruxure Machine Expert（ESME）基本指令应用

一、任务描述

本任务为后续任务的基础，指导如何利用 ESME 基本指令进行编程，通过几个例程熟悉并掌握 ESME 基本指令的使用，计时器、计数器的使用，变量的跟踪，比较指令的应用，ESME 软件的基本操作。

二、任务目标

1. 知识目标

学习利用 ESME 基本指令编写简单程序。

2. 技能目标

（1）完成例程编写；

（2）添加变量跟踪；

（3）熟悉掌握 ESME 基本指令。

3. 素养目标

（1）守纪律、讲规矩、明底线、知敬畏；

（2）安全无小事，增强安全观念，遵守组织纪律；

（3）培养质量和经济意识；

（4）领悟吃苦耐劳、精益求精等工匠精神的实质；

（5）培养动手、动脑和勇于创新的积极性；

（6）培养耐心、专注的素质；

（7）培养安全与环保责任意识；

（8）培养严谨求实、认真负责、踏实敬业的工作态度。

三、任务分析

1. 任务目的

本任务的目的是使用 ESME，完成 ESME 基本指令的训练（布尔指令训练、定时器功能块训练、计数器功能块训练）并完成综合应用任务。

2. 材料准备

装有 ESME 的计算机。

3. 任务要求

（1）在任务报告中提交操作的步骤说明，并附上关键操作的截图；

（2）提交任务报告并保留每个任务的完整工程文件。

四、任务实施

1. 布尔指令训练

1）任务要求

应用 PLC 的布尔指令，完成下面要求的 PLC 程序。

（1）当 I0（%MX0.0）和 I1（%MX0.1）输入任意断开时，Q0（%QX0.0）停止输出。

（2）当 I0（%MX0.0）和 I1（%MX0.1）输入一个闭合，另一个断开时，Q1（%QX0.1）才有输出，两个同时动作时，Q1 无输出。

（3）只有当 I0（%MX0.0）和 I1（%MX0.1）输入都闭合时，Q2（%QX0.2）才有输出。

2）编程提示

本任务可通过非运算、与运算、或运算及其组合完成。参考程序如图 2.2.1 所示。

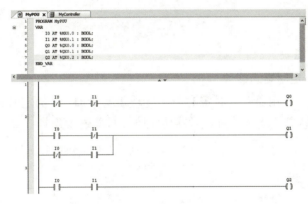

图 2.2.1　参考程序

（1）单击编译按钮 进行仿真。

（2）下载程序，验证运行。程序仿真运行界面如图 2.2.2 所示。

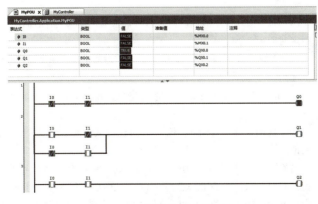

图 2.2.2　程序仿真运行界面

（3）单击"准备值"栏，可以选择"TRUE""FALSE"和空（""）3 种状态，按任务要求输入，执行"调试"→"写入值"命令（或者按"Ctrl + F7"组合键）进行状态写入，如图 2.2.3 所示。

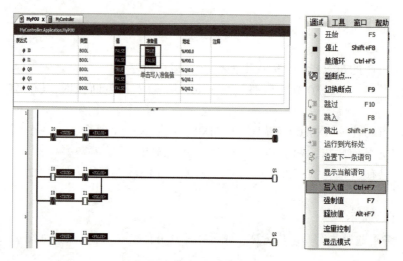

图 2.2.3　状态写入

2. 定时器功能块

1）通电延时定时器功能块

（1）任务要求：用通电延时定时器功能块编写延时 3 s 的定时程序，运行、监控并调试，观察结果。通电延时定时器功能块说明见表 2.2.1。

表 2.2.1　通电延时定时器功能块说明

操作符	TON
功能说明	该功能块用作通电延时定时器
图形	![TON 图形]
管脚定义	输入： IN：布尔型（BOOL）；该输入端为布尔型，检测上升沿的信号输入触发通电延时定时器。 PT：时间常量（TIME）；该输入为一个时间常量，用来设置通电延时时间。 输出： Q：布尔型（BOOL）；定时器状态输出，输出 ET 到延时时间 PT 时，则 Q 输出 TRUE。 ET：时间常量（TIME）；该输出为延时实时值，从 IN 上升沿开始计时的时间值。 当检测到 IN 上升沿后输出 ET 开始计时，只有输入 IN 持续为 TRUE，计时到达设定时间 PT 后，定时器状态输出 Q 才为 TRUE；如果在计时到达设定时间 PT 之前输入 IN 由 TRUE 变为 FALSE，则定时器状态输出 Q 还是为 FALSE

（2）编写程序并仿真。

①参考程序如图2.2.4所示。

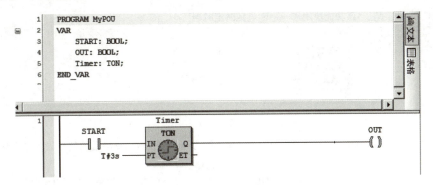

图2.2.4　参考程序

②仿真结果。

$t = 0$ ms 时的仿真结果如图2.2.5所示。

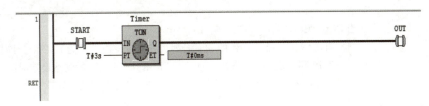

图2.2.5　仿真结果（1）

$t = 2$ s 340 ms 时的仿真结果如图2.2.6所示。

图2.2.6　仿真结果（2）

$t = 3$ s 时的仿真结果如图2.2.7所示。

图2.2.7　仿真结果（3）

2）断电延时定时器功能块

（1）任务要求：用断电延时定时器功能块编写断电延时4 s的定时程序，运行、监控并调试，观察结果。断电延时定时器功能块说明见表2.2.2。

表 2.2.2　断电延时定时器功能块说明

操作符	TOF
功能说明	该功能块用作一个断电延时定时器
图形	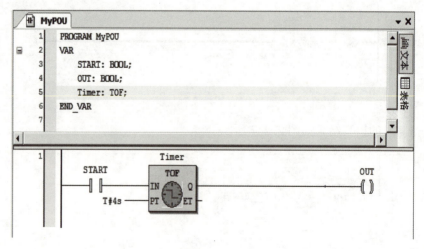
管脚定义	输入： 　IN：布尔型（BOOL）；该输入端为布尔型，检测下降沿的信号输入触发断电延时定时器。 　PT：时间常量（TIME）；该输入为一个时间常量，用来设置断电延时间。 输出： 　Q：布尔型（BOOL）；定时器状态输出，输出 ET 到延时时间 PT 时，则 Q 输出 FALSE。 　ET：时间常量（TIME）；该输出为延时实时值，从 IN 下降沿开始计时的时间值。 　当 IN 为 TRUE 时，Q 为 TRUE，ET 为 0。 　当检测到 IN 下降沿后输出 ET 开始计时，只有输入 IN 持续为 FALSE，计时到达设定时间 PT 后，定时器状态输出 Q 才为 TRUE；如果在计时到达设定时间 PT 之前输入 IN 由 FALSE 变为 TRUE，则定时器状态输出 Q 还是为 TRUE

（2）编写程序并仿真。

①参考程序如图 2.2.8 所示。

图 2.2.8　参考程序

②仿真结果。

$T = 0$ ms 时的仿真结果如图 2.2.9 所示。

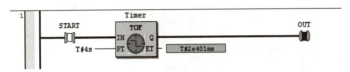

图 2.2.9　仿真结果 （4）

$T = 2$ s 401 ms 时的仿真结果如图 2.2.10 所示。

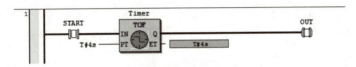

图 2.2.10　仿真结果 （5）

$T = 4$ s 时的仿真结果如图 2.2.11 所示。

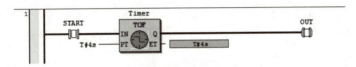

图 2.2.11　仿真结果 （6）

3）计数器功能块

（1）任务要求：用计数器功能块编写计数 3 次的计数程序，运行、监控并调试，观察结果。递增计数器功能块说明见表 2.2.3。

表 2.2.3　递增计数器功能块说明

操作符	CTU
功能说明	该功能块用作递增计数器
图形	(图形：CTU 功能块，含 CU、RESET、PV 输入和 Q、CV 输出)
管脚定义	输入： 　CU：布尔型（BOOL）；该输入端为布尔型，检测上升沿的信号输入触发输出 CV 递增。 　RESET：布尔型（BOOL）；该输入端为布尔型，用来复位计数器，如果为 TRUE 则 CV 复位为 0。 　PV：字（WORD）；该输入为一个字，用来设置输出 CV 递增计数上限。 输出： 　Q：布尔型（BOOL）；计数器状态输出，输出 CV 递增到计数上限 PV 时，Q 输出 TRUE 　CV：字（WORD）；该输出为递增计数实时值，按照 CU 上升沿依次显示从 0 到 PV 递增的数值，当 RESET 为 TRUE 时，不论 CU 是否检测到上升沿，都不能触发递增计数，CV 保持 0；当 RESET 为 FALSE 时，当 CU 端有一个从 FALSE 变为 TRUE 的上升沿时，CV 将加 1，当 CV 递增到上限 PV 时，Q 输出为 TRUE

（2）参考程序如图 2.2.12 所示。

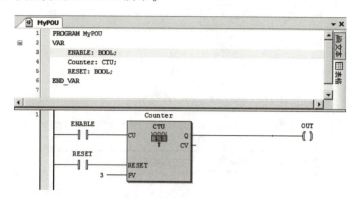

图 2.2.12　参考程序

（3）仿真结果。

使能 1 次（ENABLE 由 FALSE→TRUE→FALSE 为一次使能）后的仿真结果如图 2.2.13 所示。

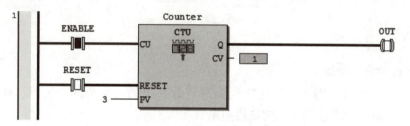

图 2.2.13　仿真结果（7）

使能 2 次后的仿真结果如图 2.2.14 所示。

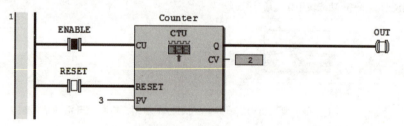

图 2.2.14　仿真结果（8）

使能 3 次后的仿真结果如图 2.2.15 所示。

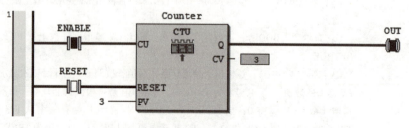

图 2.2.15　仿真结果（9）

复位（即按 RESET）后的仿真结果如图 2.2.16 所示。

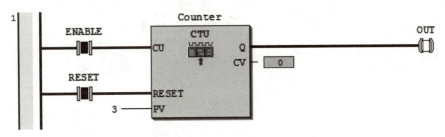

图 2.2.16　仿真结果（10）

4）扩展任务

任务1：利用定时指令编程，产生连续的方波信号输出，其周期设为5 s，占空比为3：2，仿真程序的时序图。

（1）参考程序如图 2.2.17 所示。

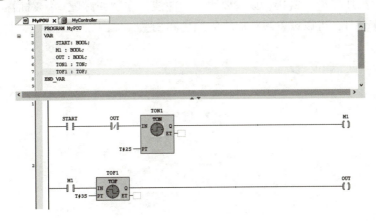

图 2.2.17　参考程序

（2）操作步骤。

仿真系统运行时序图，先将系统设置为仿真模式。

单击鼠标右键，执行"Application"→"添加对象"→"跟踪"命令来添加跟踪功能（图 2.2.18）；跟踪名称设置为"TRACE"，单击"添加"按钮（图 2.2.19）。

图 2.2.18　添加跟踪功能　　　　图 2.2.19　设置跟踪名称

跟踪界面如图2.2.20所示。

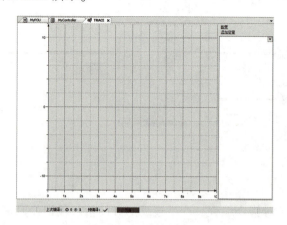

图2.2.20　跟踪界面

单击"添加变量"链接，设置要跟踪的曲线；在"跟踪配置"对话框中选择要跟踪的变量OUT，可以设置跟踪曲线的颜色和线型，如图2.2.21所示。

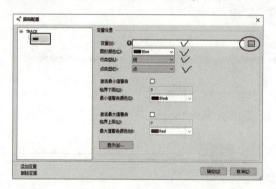

图2.2.21　"跟踪配置"对话框

选择变量OUT，单击"确定"按钮，如图2.2.22所示。

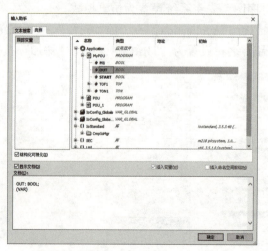

图2.2.22　选择变量OUT

添加完 3 个变量后，单击"Trace"条目，然后在"任务"下拉列表中选择"MAST"选项，如图 2.2.23 所示。

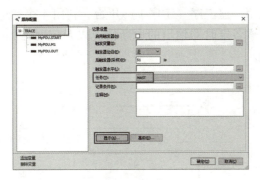

图 2.2.23　选择"MAST"选项

单击"显示"按钮，弹出 XY 坐标区域设置对话框，根据显示要求进行横、纵坐标和刻度间隔设置，如图 2.2.24 所示。

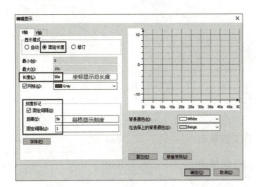

图 2.2.24　设置横、纵坐标和刻度间隔

最后将程序启动仿真后下载到 PLC，给 START 变量赋值 TRUE，在 Trace 坐标区域中单击鼠标右键，执行"下载跟踪"命令，即可显示相关变量的跟踪曲线。

3 个变量的跟踪仿真结果如图 2.2.25 所示。

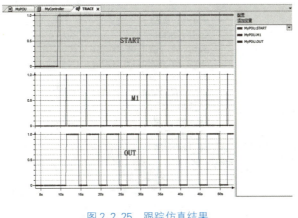

图 2.2.25　跟踪仿真结果

任务2：设某工件的加工过程分为4道工序来完成，共需30 s，其时序要求如图2.2.26所示。start为运行控制开关，其为ON时，启动和运行，其为OFF时停机，且每次启动均从第一道工序（工序1）开始。利用4个通电延时定时器来实现上述定时控制，并观察各定时器输出的通断情况以及定时器经过值ET内容的变化情况，仿真出时序图。

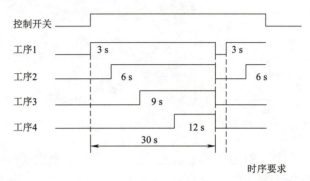

图2.2.26　时序要求

（1）参考程序一。

①I/O分配见表2.2.4。

表2.2.4　I/O分配

输出变量		中间变量	
OUT1（%QX0.0）	工序1的输出	start	启动运行按钮
OUT2（%QX0.1）	工序2的输出	Ind0	中间变量
OUT3（%QX0.2）	工序3的输出	—	
OUT4（%QX0.3）	工序4的输出	—	

②参考程序如图2.2.27所示。

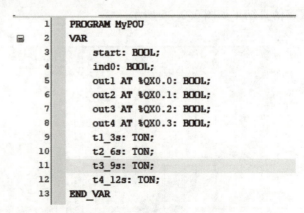

图2.2.27　参考程序

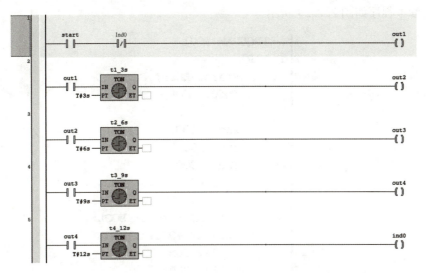

图 2.2.27 参考程序（续）

（2）参考程序二。

时序要求如图 2.2.28 所示。

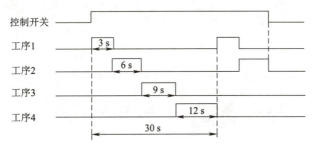

图 2.2.28 时序要求

①I/O 分配见表 2.2.5。

表 2.2.5 I/O 分配

输出变量		中间变量	
OUT1（%QX0.0）	工序 1 的输出	start	启动运行按钮
OUT2（%QX0.1）	工序 2 的输出	Ind0	中间变量
OUT3（%QX0.2）	工序 3 的输出	Ind1	中间变量
OUT4（%QX0.3）	工序 4 的输出	Ind2	中间变量
—	—	Ind3	中间变量
		Ind4	中间变量

②参考程序如图 2.2.29 所示。

```
 1    PROGRAM POU1
 2    VAR
 3        start: BOOL;
 4        ind0: BOOL;
 5        ind1: BOOL;
 6        ind2: BOOL;
 7        ind3: BOOL;
 8        ind4: BOOL;
 9        out1 AT %QX0.0: BOOL;
10        out2 AT %QX0.1: BOOL;
11        out3 AT %QX0.2: BOOL;
12        out4 AT %QX0.3: BOOL;
13        t1_3s: TON;
14        t2_6s: TON;
15        t3_9s: TON;
16        t4_12s: TON;
17    END_VAR
```

图 2.2.29　参考程序

任务3：用1个输入开关控制3个灯。开关闭合3次1#灯亮，再闭合3次2#灯亮，再闭合3次3#灯亮，再闭合1次1#~3#灯全灭，如此反复。

（1）参考程序一。

①I/O分配见表2.2.6。

表2.2.6　I/O分配

输出		输入	
OUT1（%QX0.1）	1#灯的输出	Enable（%mx0.0）	启动运行按钮
OUT2（%QX0.2）	2#灯的输出	Reset（%MX0.1）	
OUT3（%QX0.3）	3#灯的输出	Indirect（%MX0.2）	

②参考程序如图2.2.30所示。

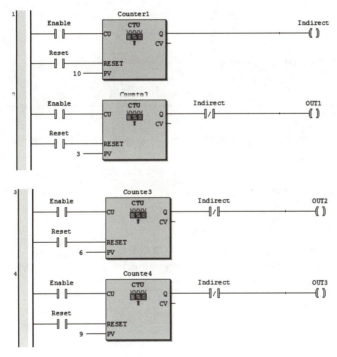

图2.2.30　参考程序

（2）参考程序二。

①I/O分配见表2.2.7。

表2.2.7　I/O分配

输出		输入	
OUT1（%QX0.1）	1#灯的输出	Enable（%MX0.0）	启动运行按钮
OUT2（%QX0.2）	2#灯的输出	Reset（%MX0.3）	复位按钮
OUT3（%QX0.3）	3#灯的输出	Indirect1（%MX0.1）、Indirect2（%MX0.2）	
		Count	计数器的当前值

②参考程序如图 2.2.31 所示。

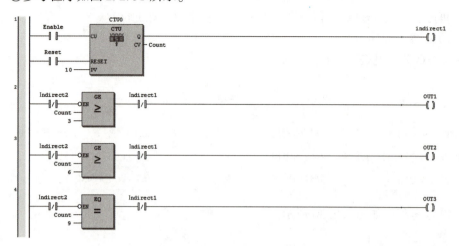

图 2.2.31　参考程序

布尔量操作符说明见表 2.2.8。

表 2.2.8　布尔量操作符说明

操作符	LE
功能说明	这是一个布尔量操作符。当第一个操作数比第二个小或者二者相等时，返回值为 TRUE
图形	(图形：LE ≤)
管脚定义	输入：操作数可以是任何基本数据类型，如 BOOL、BYTE、WORD、DWORD、SINT、USINT、INT、UINT、DINT、UDINT、REAL、LREAL、TIME、DATE、TIME OF DAY、DATE AND TIME 和 STRING。 输出：布尔型（BOOL）
操作符	GE
功能说明	这是一个布尔量操作符。当第一个操作数比第二个操作数相等时，返回值为 TRUE
图形	(图形：GE ≥)
操作符	GE
管脚定义	输入：操作数可以是任何基本数据类型，如 BOOL、BYTE、WORD、DWORD、SINT、USINT、INT、UINT、DINT、UDINT、REAL、LREAL、TIME、DATE、TIME OF DAY、DATE AND TIME 和 STRING。 输出：布尔型（BOOL）

续表

操作符	EQ
功能说明	这是一个布尔量操作符。当第一个操作数与第二个操作数相等时，返回值为 TRUE
图形	
管脚定义	输入：操作数可以是任何基本数据类型，如 BOOL、BYTE、WORD、DWORD、SINT、USINT、INT、UINT、DINT、UDINT、REAL、LREAL、TIME、DATE、TIME OF DAY、DATE AND TIME 和 STRING。 输出：布尔型（BOOL）

五、任务评价

任务评价见表 2.2.9。

表 2.2.9　任务评价

评分要素	技术要求	配分	评分细则	得分	备注
程序设计	设计的代码能实现预期功能	60	1. 设计方案合理（15 分） 2. 程序代码整洁规范（10 分） 3. 功能完善（10 分） 4. 可读性强（10 分） 5. 调试通过（15 分）		
程序仿真	仿真能实现预期效果	15	实现仿真功能（15 分）		
硬件测试	硬件测试效果明显	20	1. 操作顺序合理（10 分） 2. 测试效果明显（10 分）		
安全文明生产	整理台面和仪器箱	5	1. 实验台面整洁、凳子放回原位（2 分） 2. 实验挂件齐全，无损毁（3 分）		
总分					

任务三　电动机正反转控制任务

一、任务描述

本任务的内容是控制电动机正反转，首先需要学习电动机控制电路的构成，根据控制电路进行 PLC 程序的编写，了解自锁和互锁的思路，学习顺序功能图的用法，利用不同的语言编写按预设顺序控制电动机运行的程序。

二、任务目标

1. 知识目标

通过学习电动机控制的基础知识，完成电动机正反转和电动机顺序运行的控制任务。

2. 技能目标

（1）掌握基本的电动机控制原理。

（2）完成例程编写。

3. 素养目标

（1）守纪律、讲规矩、明底线、知敬畏；

（2）安全无小事，增强安全观念，遵守组织纪律；

（3）培养质量和经济意识；

（4）领悟吃苦耐劳、精益求精等工匠精神的实质；

（5）培养动手、动脑和勇于创新的积极性；

（6）培养耐心、专注的素质；

（7）培养安全与环保责任意识；

（8）培养严谨求实、认真负责、踏实敬业的工作态度。

三、任务分析

1. 任务目的

（1）熟悉基于接触器的传统三相异步电动机控制方法；

（2）了解基于智能电动机控制器的三相异步电动机控制方法；

（3）掌握 PLC 控制三相异步电动机的方法；

（4）深入理解自锁和互锁的相关概念和作用。

2. 材料准备

（1）M241；

（2）接触器和三相电动机（非必需）。

3. 任务要求

（1）在任务报告中提交操作的步骤说明，并附上关键操作的截图；

（2）提交任务报告并保留每个任务的完整工程文件。

四、知识拓展

1. 相关电路

（1）电动机的单向连续运行（图2.3.1、图2.3.2）。

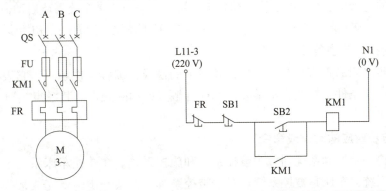

图2.3.1 三相异步电动机单向运行主电路 图2.3.2 三相异步电动机单向运行控制电路

（2）电机的正反转控制——双重互锁（图2.3.3、图2.3.4）。

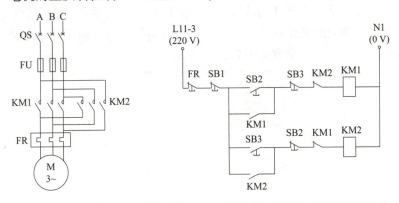

图2.3.3 三相异步电动机单向运行主电路 图2.3.4 三相异步电动机单向运行控制电路

2. 顺序功能图

顺序功能图（SFC）采用IEC标准语言，用于编制复杂的顺序控制程序，又称为状态转移图或功能表图，它是描述控制系统的控制过程、功能和特性的一种图形，也是设计顺序控制程序的工具。利用这种先进的编程方法，初学者也很容易编制复杂的顺序控制程序，大大提高了工作效率，也为调试、试运行带来许多方便。

顺序功能图是一种较新的编程方法，它将一个完整的控制过程分为若干阶段，各阶段具有不同的动作，阶段间有一定的转换条件，转换条件满足即实现阶段转移，上一阶段动作结束，下一阶段动作开始。它提供了一种组织程序的图形方法。在顺序功能图中可以用别的语言嵌套编程，步、路径和转换是顺序功能图的3个主要元素。顺序功能图主要用来描述开关量顺序控制系统，根据它可以很容易画出顺序控制梯形图程序。

顺序控制功能图主要由步、有向连线、转换、转换条件和动作（或命令）组成。

1）步

顺序控制设计法将系统的一个工作周期划分成若干顺序相连的阶段，这些阶段称为步，并且用编程元件（s）代表各步。

2）初始步

系统的初始状态对应的步称为初始步，初始状态一般是系统等待启动命令的相对静止的状态。初始步用双线方框表示，每个顺序功能图至少应有一个初始步。

3）转换、转换条件

在两步之间的垂直短线为转换，其线上的横线为编程元件触点，它表示从上一步转到下一步条件，横线表示某元件的动合触点或动断触点。其触点接通 PLC 才可执行下一步。

4）与步对应的动作或命令

可以将一个控制系统划分为被控系统和施控系统。在数控车床系统中，数控装置是施控系统，车床是被控系统。对于被控系统，在某一步中要完成某些动作；对于施控系统，在某一步中则要向被控系统发出某些命令。

5）活动步

当系统正处于某一步所在的阶段时，称为该步处于活动状态，即活动步。步处于活动状态时，相应的动作被执行；步处于不活动状态时，相应的非存储型的动作被停止执行。顺序功能图示意如图 2.3.5 所示。

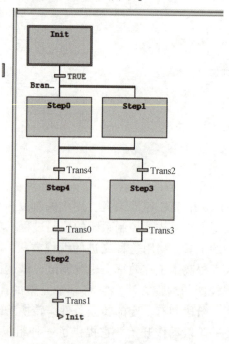

图 2.3.5　顺序功能图示意

在图 2.3.5 中：

（1）Init 为初始步；

（2）Trans 为转移条件；

（3）双击 Step 可以对步对应的动作或命令进行编程。

3. 顺序功能图的结构

顺序功能图的基本结构包括：单序列、选择序列和并行序列（图 2.3.6）。

单序列由一系列相继激活的步组成，每一步后仅有一个转换，每一个转换后也只有一个步。

当系统的某一步活动后，满足不同的转换条件能够激活不同的步，这种序列称为选择序列。选择序列的开始称为分支，其转换符号只能标在水平连线下方。图 2.3.6 所示的选择序列中，如果步 4 是活动步，满足转换条件 c 时，步 5 变为活动步；满足转换条件时，步 7 变为活动步。选择序列的结束称为合并，其转换符号只能标在水平连线上方。如果步 6 是活动步且满足转换条件 e，则步 9 变为活动步；如果步 8 是活动步且满足转换条件 h，则步 9 也变为活动步。

当系统的某一步活动后，满足转换条件后能够同时激活几步，这种序列称为选择序列。并行序列的开始称为分支，为强调转换的同步实现，水平连线用双线表示，水平双线上只允许有一个转换符号。图 2.3.6 所示的并行序列中，当步 10 是活动步，满足转换条件 i 时，转换的实现将导致步 11 和步 13 同时变为活动步。并行序列的结束称为合并，在表示同步的水平双线之下只允许有一个转换符号。当步 12 和步 14 同时都为活动步且满足转换条件 m 时，步 15 才能变为活动步。

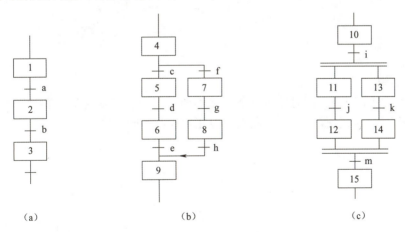

（a）　　　　　　　　　　（b）　　　　　　　　　　（c）

图 2.3.6　顺序功能图的类型

（a）单序列；（b）选择序列；（c）并列序列

4. 自锁和互锁

接触器的工作特点：线圈未通电时，常开触点断开，常闭触点闭合；线圈通电后，常开触点闭合，常闭触点断开。

按钮的工作特点：启动按钮按下后闭合，松手后立刻断开；停止按钮按下后断开，松手后立刻闭合。

1）自锁

当使用单独一个按钮控制电路的时候，问题就出现了——按下启动按钮电路通断，松手后立刻断电。

这样电路无法持续通电，不符合对电路的需求。解决方法就是加入一个接触器：让接触器的线圈与按钮串联，常开触点与按钮并联（图2.3.7）。

这样一来，当按下按钮后，接触器线圈通电，同时常开触点闭合。松开按钮后，虽然按钮断开了，但是常开触点依然接通，因此电路可以持续供电，这就是自锁（图2.3.8）。

自锁是为了保证电路的正常工作，配合按钮对电路的通断进行控制。

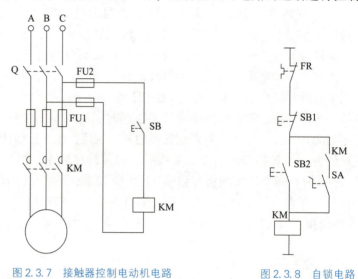

图2.3.7　接触器控制电动机电路　　　　图2.3.8　自锁电路

2）互锁

如果有两条回路，同时要求两条回路不能同时通电。这时就需要用到两个接触器，先把自锁接好，保证每条回路都可以正常控制通断（图2.3.9）。

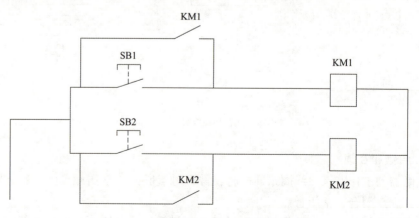

图2.3.9　电动机正反转自锁电路

　　然后，把各回路的接触器常闭触点接到另一个回路中，与按钮串联——甲回路的接触器常闭触点接到乙回路内，这样一来，当甲回路工作时，接触器 KM1 的常闭触点断开，即使按下乙回路的启动按钮，乙回路也无法启动，这就是互锁（图 2.3.10）。

　　互锁是为了保证电路的用电安全。

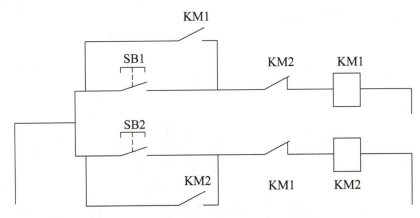

图 2.3.10　电动机正反转自锁、互锁电路

3）自锁和互锁的区别

　　（1）从二者在电路中的作用来看，自锁能保证松开起动按钮时，交流接触器的线圈继续通电；互锁能够保证两个交流接触器的线圈不会在同一时间都处于通电状态。

　　（2）二者的区别如下：自锁利用动合辅助触点，互锁利用动断辅助触点；自锁环节与启动按钮串联，互锁环节与另一交流接触器的线圈串联。

五、任务内容

　　（1）控制要求。

　　电动机正反转控制电路的主回路与传统继电控制电路相同，而控制回路用 PLC 取代，当电动机正转时，PLC 将通过程序接通某输出触点，再通过该触点接通正转接触器线圈，使电动机正转。当电动机反转时，PLC 将通过另一输出触点接通反转接触器线圈，使电动机反转。电动机停止时，PLC 将输出触点均断开（若无接触器，则用 PLC 数字量输出的指示灯亮灭代替吸合断开效果，用赋值的方式代替开关）。

　　（2）I/O 分配。

　　输入的 I/O 分配见表 2.3.1。

表 2.3.1　输入的 I/O 分配

SB1：Foreward I0	（% MX0.0）	电动机正转按钮
SB2：Rollback I1	（% MX0.1）	电动机反转按钮
SB3：Stop I2	（% MX0.2）	电动机停止按钮

输出的 I/O 分配见表 2.3.2。

表 2.3.2 输出的 I/O 分配

Foreward_ out	（%QX0.1）	电动机正转
Rollback_ out	（%QX0.2）	电动机反转

（3）外部接线如图 2.3.11 所示。

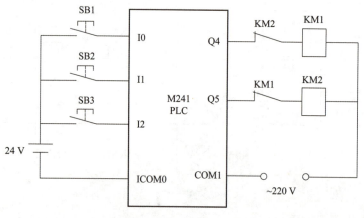

图 2.3.11 外部接线

（4）根据控制要求和 I/O 分配编写控制程序，参考程序如图 2.3.12 所示。

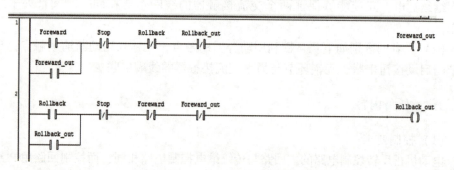

图 2.3.12 电动机正反转参考程序

（5）编译，下载，运行。

（6）扩展任务要求。

按下启动按钮，电动机开始正转，20 s 后电动机启动反转，反转 20 s 后电动机启动正转，按下停止按钮电动机停止（注意正反转切换过程的短延时）。

使用顺序功能图编程，先采用仿真方式将程序调试成功，然后下载到 PLC 中控制电动机。

注意：实际设备正反转不能同时有效，要通过软、硬件的互锁保障安全。

六、 任务评价

任务评价见表 2.3.3。

表 2.3.3　任务评价

评分要素	技术要求	配分	评分细则	得分	备注
程序设计	设计的代码能实现预期功能	60	1. 设计方案合理（15 分） 2. 程序代码整洁规范（10 分） 3. 功能完善（10 分） 4. 可读性强（10 分） 5. 调试通过（15 分）		
程序仿真	仿真能实现预期效果	15	实现仿真功能（15 分）		
硬件测试	硬件测试效果明显	20	1. 操作顺序合理（10 分） 2. 测试效果明显（10 分）		
安全文明生产	整理台面和仪器箱	5	1. 实验台面整洁、凳子放回原位（2 分） 2. 实验挂件齐全，无损毁（3 分）		
总分					

任务四　触摸屏通过 Modbus 与 M241 进行通信

一、任务描述

通过本任务初步了解 Modbus 的基础知识，完成简单的通信配置任务，对 PLC 进行简单的编程，在 PLC 和触摸屏之间建立 Modbus 通信，使用触摸屏控制 PLC，使其能完成设定的任务。

二、任务目标

1. 知识目标

学习利用基本指令编写简单的 PLC 程序。

2. 技能目标

（1）完成例程编写；

（2）添加变量跟踪；

（3）熟悉掌握基本指令，了解 Modbus 地址映射关系。

3. 素养目标

（1）守纪律、讲规矩、明底线、知敬畏；

（2）安全无小事，增强安全观念，遵守组织纪律；

（3）培养质量和经济意识；

（4）领悟吃苦耐劳、精益求精等工匠精神的实质；

（5）培养动手、动脑和勇于创新的积极性；

（6）培养耐心、专注的素质；

（7）培养安全与环保责任意识；

（8）培养严谨求实、认真负责、踏实敬业的工作态度。

三、任务分析

1. 任务目的

（1）巩固对 PLC 基本指令使用方法的掌握；

（2）加深对触摸屏程序的理解。

2. 材料准备

（1）M241；

（2）ET6500X 触摸屏。

3. 任务要求

（1）使用开关控制一个小灯（在触摸屏中画出）的开闭，要求小灯在打开状态

时闪烁；

（2）在任务报告中提交操作的步骤说明，并附上关键操作的截图；

（3）提交任务报告并保留每个任务的完整工程文件。

四、知识拓展

Modbus 协议所用的传输模式是 RTU。帧中不包含任何消息报头字节或消息字节结束符（图 2.4.1）。

从站地址	请求代码	数据	CRC16

图 2.4.1　Modbus 协议帧

数据以二进制代码传输。

CRC16 为循环冗余校验。

当间隔时间大于等于 3 个字符时，即检测到帧结束。

1. 原理

Modbus 协议是一个主/从式协议（图 2.4.2）。

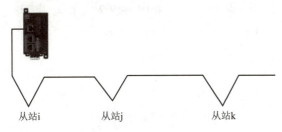

图 2.4.2　Modbus 通信原理

在任何时候，仅有一个设备可以在线路上发送数据（一主多从）。

只能通过主站发起和管理数据交换。

主站依次对从站进行访问。

从站不能发送消息，除非被主站邀请。

当发生不正确的数据交换时，主站重复进行询问，如果在给定的时间段内主站没有收到响应，则主站判定所询问的从站处于缺失状态。

如果从站不能理解消息，它就会给主站发送一个异常响应。主站可以响应此请求，也可以不响应。

从站之间不能进行直接通信。

对于从站之间的通信，应用软件必须按照先询问一个从站，再将接收到的数据发至另一个从站的方式进行设计。

主站与从站之间可以实现以下两种类型的对话。

（1）主站向一个从站发送请求并等待其响应。

（2）主站向所有从站发送请求，而不等待它们响应（广播方式）。

2. 地址

1）地址规范

（1）变频器的 Modbus 地址可以设置为 1～247。

（2）在主站发送的请求中，地址 0 被预留用于广播。变频器会考虑该请求，但不做出响应。

2）功能码

功能码说明见表 2.4.1。

表 2.4.1　功能码说明

代码	名称	寄存器 PLC 地址	位/字操作	操作数量
01	读线圈状态	00001～09999	位操作	单个或多个
02	读离散输入状态	10001～19999	位操作	单个或多个
03	读保持寄存器	40001～49999	字操作	单个或多个
04	读输入寄存器	30001～39999	字操作	单个或多个
05	写单个线圈	00001～09999	位操作	单个
06	与单个保持寄存器	40001～49999	字操作	单个
15	写多个线圈	00001～09999	位操作	多个
16	与多个保持寄存器	40001～49999	字操作	多个

五、任务实施

1. ESME 部分

（1）用鼠标右键单击 "Application" 选项，创建全局变量列表，添加程序中要使用的全局变量（图 2.4.3）。

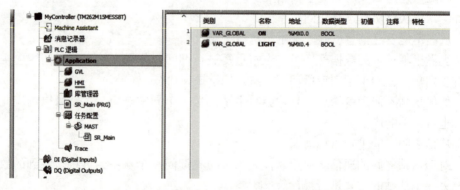

图 2.4.3　创建全局变量列表

（2）运用基本指令编写梯形图程序并添加到任务配置中，例程如图 2.4.4 所示。

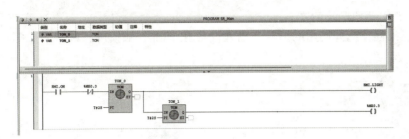

图 2.4.4　例程

（3）配置以太网接口，开启 Modbus 服务，并将 PLC 和触摸屏配置在同一网段（图 2.4.5）。

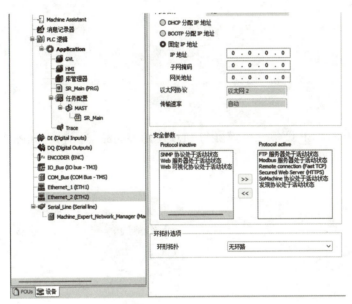

图 2.4.5　配置以太网接口

（4）登录设备并调试，检验是否能完成要求的功能（图 2.4.6）。

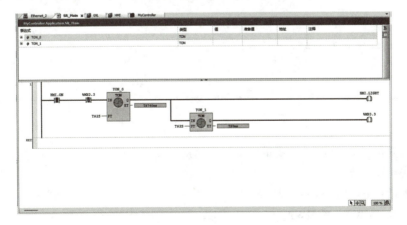

图 2.4.6　在线调试

2. Vijeo designer 部分

新建工程，选择使用的型号，输入设备 IP 地址，触摸屏、PC、PLC 需在同网段（图 2.4.7）。

图 2.4.7 创建工程

添加 Modbus TCP 设备（触摸屏与 PLC 使用 Modbus 通信），如图 2.4.8 所示进行配置，IP 地址为 PLC 的 IP 地址。

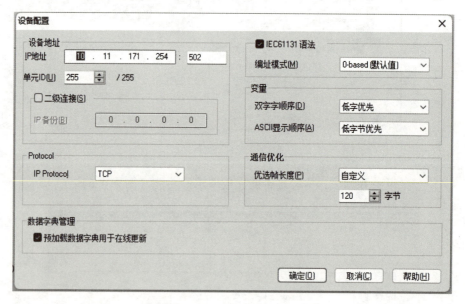

图 2.4.8 添加 Modbus TCP 设备

添加变量，和 PLC 中的变量地址一一对应。

格式对应如下：

布尔量：MWA：XB—% MXA. B；

WORD：MWA—% MWA。

其余依此类推。

若格式不为此格式，应检查设备配置中是否勾选了"IEC61131 语法"复选框（图2.4.8 右上角）。

在画面中画出需求的画面，图2.4.9 所示为示例。

图2.4.9 画面示例

双击图形，根据需求添加动画属性，然后将数据点配入（图2.4.10）。

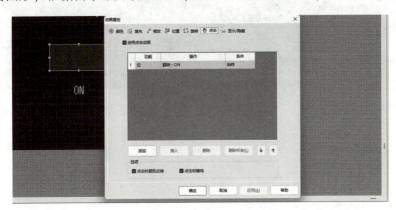

图2.4.10 添加动画属性

在"硬件"选项卡中在"进入配置菜单"下拉列表中选择"两对角"选项，以方便在触摸屏上直接设置、查看 IP 地址（图2.4.11）。

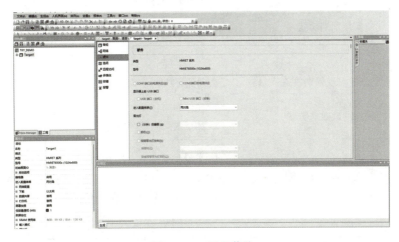

图2.4.11 配置菜单

在工具栏中单击"验证目标"按钮，若不报错则单击"生成目标"按钮，然后单击"模拟"按钮，若功能可用则单击"下载目标"按钮，将 Runtime 下载到触摸屏中（图2.4.12）。

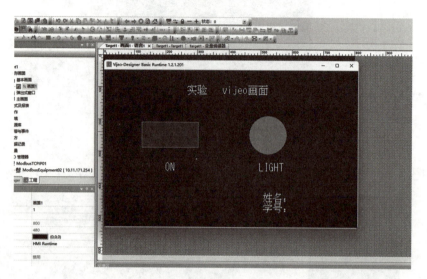

图2.4.12　模拟画面

六、 任务评价

任务评价见表2.4.2。

表2.4.2　任务评价

评分要素	技术要求	配分	评分细则	得分	备注
程序设计	设计的代码能实现预期功能	60	1. 设计方案合理（15分） 2. 程序代码整洁规范（10分） 3. 功能完善（10分） 4. 可读性强（10分） 5. 调试通过（15分）		
程序仿真	仿真能实现预期效果	15	实现仿真功能（15分）		
硬件测试	硬件测试效果明显	20	1. 操作顺序合理（10分） 2. 测试效果明显（10分）		
安全文明生产	整理台面和仪器箱	5	1. 实验台面整洁、凳子放回原位（2分） 2. 实验挂件齐全，无损毁（3分）		
总分					

任务五　基于 M241 的三路抢答器控制任务

一、任务描述

本任务综合利用已学知识，制作简单的三路抢答器。利用梯形图进行 PLC 编程，在触摸屏上显示 3 个抢答按键、一个复位按键、一个模拟的 8 位数码管。

二、任务目标

1. 知识目标

（1）学习利用 PLC 基本指令编写简单程序；

（2）利用 Vijeo designer 完成触摸屏画面绘制。

2. 技能目标

（1）完成例程编写；

（2）完成组态画面绘制；

（3）熟悉掌握基本指令，能够根据描述完成整体设计。

3. 素养目标

（1）守纪律、讲规矩、明底线、知敬畏；

（2）安全无小事，增强安全观念，遵守组织纪律；

（3）培养质量和经济意识；

（4）领悟吃苦耐劳、精益求精等工匠精神的实质；

（5）培养动手、动脑和勇于创新的积极性；

（6）培养耐心、专注的素质；

（7）培养严谨求实、认真负责、踏实敬业的工作态度。

三、任务分析

1. 任务目的

（1）巩固对 PLC 基本指令使用方法的掌握；

（2）加深对触摸屏程序的理解。

2. 材料准备

（1）M241；

（2）ET6500X 触摸屏。

3. 任务要求

（1）在任务报告中提交操作的步骤说明，并附上关键操作的截图；

（2）提交任务报告并保留每个任务的完整工程文件。

四、任务实施

1. 控制要求

设计 3 组抢答器控制系统，其控制要求如下：一个 3 组抢答器，任意一组抢先按下后，显示器就能及时显示该组的编号，同时锁住抢答器，使其他组按下无效，抢答器复位后才可重新抢答。电路设计如图 2.5.1 所示。

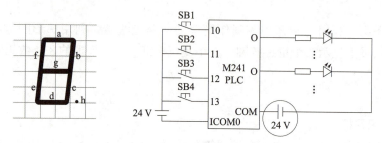

图 2.5.1 电路设计

2. 相关程序

（1）根据控制要求编写 I/O 元件的 I/O 分配表（表 2.5.1）。

表 2.5.1 I/O 分配

输入			输出		
PLC 地址	连接的外设	功能说明	PLC 地址	连接的外设	功能说明
%MX0.0	抢答台 1 按键	n1	%MX0.4	数码管引脚	a
%MX0.1	抢答台 2 按键	n2	%MX0.5	数码管引脚	b
%MX0.2	抢答台 3 按键	n3	%MX0.6	数码管引脚	c
%MX0.3	复位按键	reset	%MX0.7	数码管引脚	d
—	—	—	%MX1.0	数码管引脚	e
—	—	—	%MX1.1	数码管引脚	g

（2）参考程序如图 2.5.2 所示。

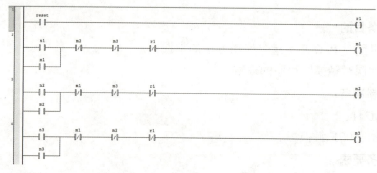

图 2.5.2 参考程序

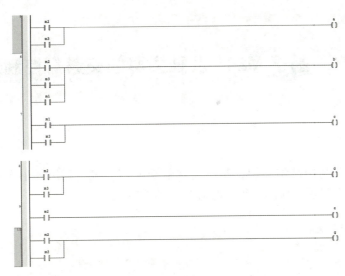

图 2.5.2 参考程序 （续）

（3）单击 按钮进行编译，查看程序是否有错。

（4）单击 按钮下载程序试运行。

（5）根据控制要求，自行设计创建触摸屏工程文件。

3. 扩展任务

编写程序实现如下功能：抢答台 1 抢答成功显示数字 4，抢答台 2 抢答成功显示数字 5，抢答台 3 抢答成功显示数字 6，按复位键重新抢答。

五、 任务评价

任务评价见表 2.5.2。

表 2.5.2 任务评价

评分要素	技术要求	配分	评分细则	得分	备注
程序设计	设计的代码能实现预期功能	60	1. 设计方案合理（15 分） 2. 程序代码整洁规范（10 分） 3. 功能完善（10 分） 4. 可读性强（10 分） 5. 调试通过（15 分）		
程序仿真	仿真能实现预期效果	15	实现仿真功能（15 分）		
硬件测试	硬件测试效果明显	20	1. 操作顺序合理（10 分） 2. 测试效果明显（10 分）		
安全文明生产	整理台面和仪器箱	5	1. 实验台面整洁、凳子放回原位（2 分） 2. 实验挂件齐全，无损毁（3 分）		
总分					

任务六　基于 M241 及触摸屏的交通灯控制任务

一、任务描述

本任务综合利用已学知识，制作简单的交通灯系统。利用梯形图进行 PLC 编程，在触摸屏上显示对应的两组红绿灯和启动按钮。

二、任务目标

1. 知识目标

（1）巩固基础指令的知识；

（2）巩固组态画面绘制的知识。

2. 技能目标

（1）根据控制要求，利用基本指令编写简单程序；

（2）根据程序绘制组态画面，能够根据控制要求完成整体设计。

3. 素养目标

（1）守纪律、讲规矩、明底线、知敬畏；

（2）安全无小事，增强安全观念，遵守组织纪律；

（3）培养质量和经济意识；

（4）领悟吃苦耐劳、精益求精等工匠精神的实质；

（5）培养动手、动脑和勇于创新的积极性；

（6）培养耐心、专注的素质；

（7）培养严谨求实、认真负责、踏实敬业的工作态度。

三、任务分析

1. 任务目的

（1）掌握布尔指令和计时器指令编程的方法及使用要领；

（2）掌握触摸屏的设置方法。

2. 材料准备

（1）M241；

（2）ET6500X 触摸屏。

3. 任务要求

（1）在任务报告中提交操作的步骤说明，并附上关键操作的截图；

（2）提交任务报告并保留每个任务的完整工程文件。

四、 任务内容

1. 控制要求

当按下启动按钮时，南北绿灯亮 5 s 后灭，接着南北黄灯亮 1 s 后灭，红灯亮 6 s，绿灯亮 6 s，依此循环，对应南北方向的绿、黄、红灯亮时东西方向的红灯亮 6 s，绿灯亮 5 s 后灭，黄灯亮 1 s，红灯又亮，依此循环。

2. 参考程序

（1）根据控制要求编写 I/O 元件的 I/O 分配表（表 2.6.1）。

表 2.6.1　I/O 分配

输入			输出		
变量名称	功能说明	PLC 地址	变量名称	功能说明	PLC 地址
start	启动按钮	%IX0.0	s_n_r	南北红灯	%QX0.4
start_HMI	启动按钮	%MX0.0	s_n_y	南北黄灯	%QX0.5
—	—	—	s_n_g	南北绿灯	%QX0.6
—	—	—	e_w_r	东西红灯	%QX0.7
—	—	—	e_w_y	东西黄灯	%QX0.8
—	—	—	e_w_g	东西绿灯	%QX0.9

（2）参考程序如图 2.6.1 所示。

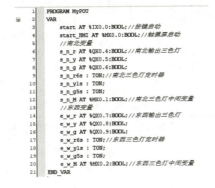

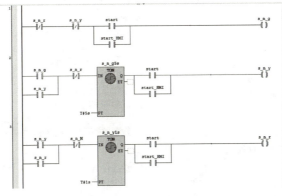

图 2.6.1　参考程序

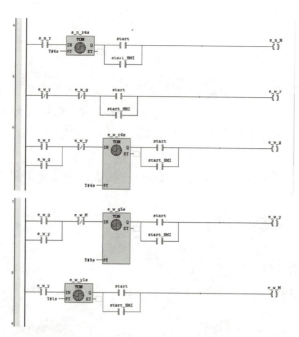

图 2.6.1　参考程序　（续）

（3）单击![按钮]按钮进行程序编译、仿真。

单击![按钮]按钮下载程序试运行。

（4）根据控制要求，自行设计创建触摸屏工程文件。

五、任务评价

任务评价见表2.6.2。

表 2.6.2　任务评价

评分要素	技术要求	配分	评分细则	得分	备注
程序设计	设计的代码能实现预期功能	60	1. 设计方案合理（15 分） 2. 程序代码整洁规范（10 分） 3. 功能完善（10 分） 4. 可读性强（10 分） 5. 调试通过（15 分）		
程序仿真	仿真能实现预期效果	15	实现仿真功能（15 分）		
硬件测试	硬件测试效果明显	20	1. 操作顺序合理（10 分） 2. 测试效果明显（10 分）		
安全文明生产	整理台面和仪器箱	5	1. 实验台面整洁、凳子放回原位（2 分） 2. 实验挂件齐全，无损毁（3 分）		
总分					

任务七　基于 M241 的自动售货机控制任务

一、任务描述

本任务综合利用已学知识，制作简单的自动售货机控制系统。利用梯形图进行 PLC 编程，在触摸屏上利用按键模拟投币、选择产品、退钱的功能，在屏幕上显示一个模拟的数码管来显示所投的钱数。

二、任务目标

1. 知识目标
学习利用基本指令编写简单程序。

2. 技能目标
（1）完成例程编写；
（2）添加变量跟踪；
（3）掌握基本指令，能够根据控制要求完成整体设计。

3. 素养目标
（1）守纪律、讲规矩、明底线、知敬畏；
（2）安全无小事，增强安全观念，遵守组织纪律；
（3）培养质量和经济意识；
（4）领悟吃苦耐劳、精益求精等工匠精神的实质；
（5）培养动手、动脑和勇于创新的积极性；
（6）培养耐心、专注的素质；
（7）培养严谨求实、认真负责、踏实敬业的工作态度。

三、任务分析

1. 任务目的
学习 M241 PLC 算术运算、比较、移位、数据传送、类型转换指令。

2. 材料准备
（1）M241；
（2）ET6500X 触摸屏。

3. 任务要求
（1）在任务报告中提交操作的步骤说明，并附上关键操作的截图；
（2）提交任务报告并保留每个任务的完整工程文件。

四、 任务内容

1. 控制要求

（1）开启电源。

（2）选择饮品（饮料、牛奶）然后对应的显示灯变亮。

（3）在自动售货机中投币（可投入1元、5元或10元的纸币），数码管显示所投钱数。

（4）当投入的纸币总值等于或超过7元时，可以买饮料，按退钱按钮会显示应找的钱数；当投入的纸币总值超过12元时，可以买饮料或牛奶，按退钱按钮会显示应退的钱数。

2. 参考程序

（1）根据控制要求编写I/O元件的I/O分配表（表2.7.1）。

表2.7.1　I/O分配

输入			输出		
PLC地址	连接的外设	功能说明	PLC地址	连接的外设	功能说明
%IX0.0	电源开关	power	%QX0.0（PLC面板）	饮料指示灯	light_ yl
%IX0.1	1元按钮	yuan_ 1	%QX0.1（PLC面板）	牛奶指示灯	light_ nn
%IX0.2	5元按钮	yuan_ 5	%QX0.2（PLC面板）	退钱指示灯	light_ tuiqian
%IX0.3	10元按钮	yuan_ 10	%QX0.4	数码管十位A	shiwei_ A
%IX0.4	饮料选择按钮	yl_ select	%QX0.3（可不接）	数码管十位B	shiwei_ B
%IX0.5	牛奶选择按钮	nn_ select	%QX0.5	数码管个位A	gewei_ A
%IX0.6	退钱按钮	tuiqian	%QX0.6	数码管个位B	gewei_ B
—	—	—	%QX0.7	数码管个位C	gewei_ C
—	—	—	%QX1.0	数码管个位D	gewei_ D
—	—	—	%QX1.1	电源指示灯	light_ power

（2）参考程序如图2.7.1所示。

```
1   PROGRAM MyPOU
2   VAR
3       power AT %IX0.0:BOOL;
4       yuan_1 AT %IX0.1:BOOL;
5       yuan_5 AT %IX0.2:BOOL;
6       yuan_10 AT %IX0.3:BOOL;
7       yl_select AT %IX0.4: BOOL;
8       nn_select AT %IX0.5:BOOL;
9       tuiqian AT %IX0.6:BOOL;
10      money :BYTE;
11      light_power AT %QX1.1:BOOL;
12      light_yl AT %QX0.0:BOOL;
13      light_nn AT %QX0.1:BOOL;
14      light_tuiqian AT %QX0.2:BOOL;
15      shiwei_A AT %QX0.4:BOOL;
16      shiwei_B AT %QX0.3:BOOL;
17      gewei_A AT %QX0.5:BOOL;
18      gewei_B AT %QX0.6:BOOL;
19      gewei_C AT %QX0.7:BOOL;
20      gewei_D AT %QX1.0:BOOL;
21      timeout5s: TON;
22      m1 AT %MX5.0: BOOL;
23      m2 AT %MX5.1: BOOL;
24      gewei: BYTE;
25      shiwei: BYTE;
26      m3 AT %MX5.2: BOOL;
27      gd: BYTE;
28      temp: BYTE;
```

图2.7.1　参考程序

```
29        gc: BYTE;
30        gb: BYTE;
31        ga: BYTE;
32        gabit: BOOL;
33        gbbit: BOOL;
34        gcbit: BOOL;
35        gdbit: BOOL;
36        sa: BYTE;
37        sb: BYTE;
38        sbbit: BOOL;
39        sabit: BOOL;
40        m4: BOOL;
41        tuiqian2s: TON;
42        m5: BOOL;
43        m6: BOOL;
44    END_VAR
```

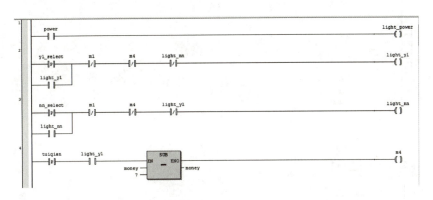

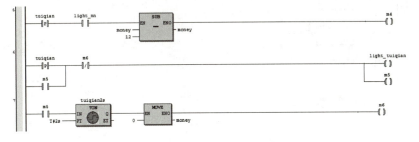

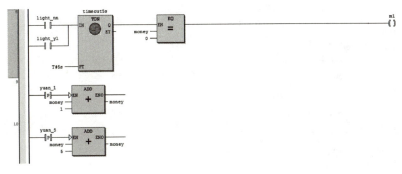

图 2.7.1 参考程序 （续）

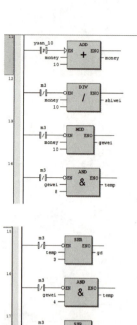

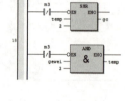

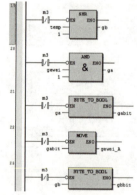

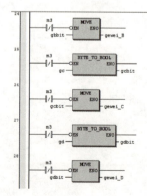

图 2.7.1　参考程序 （续）

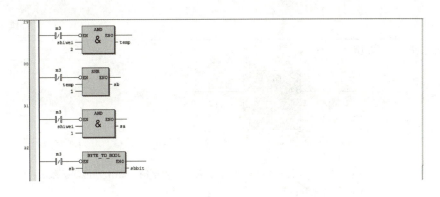

图 2.7.1　参考程序（续）

（3）单击 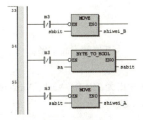 按钮进行编译，看程序是否有错。

（4）单击 🔘 按钮，下载程序试运行。

相关指令资料见表 2.7.2。

表 2.7.2　相关指令资料

操作符	MOD
功能说明	该功能块用于 Var1 的值除以 Var2 的值取余数，即 Var3 = Var1 MOD Var2；输入值和输出值的数据类型必须是相同的
图形	（MOD 功能块图形：EN、EN0、Var1、Var2、Var3）
管脚定义	输入： EN：功能块使能（BOOL 型），当其为高电平时，MOD 功能块被激活； Var1：被除数； Var2：除数。 输出： EN0：辅助输出，一旦 EN 为高电平，其值就为高电平； Var3：模数，即相除后的余数。 当 EN 为高电平时，MOD 功能块被激活，EN0 输出为高电平，连续执行 MOD 功能时 EN 需保持高电平；被除数 Var1 除以除数 Var2 后，将结果中的余数赋给 Var3，公式为 Var3 = Var1 MOD Var2（例：Var1 = 5，Var2 = 2，Var3 = 1）
操作符	DIV
功能说明	该功能块用于变量或常量相除；Var3 = Var1/Var2；输入、输出变量类型必须相同

续表

操作符	DIV
图形	 DIV EN　EN0 Var1　／　Var3 Var2
管脚定义	输入： EN：功能块使能（BOOL型），当其为高电平时，MUL功能块被激活； Var1：被除数； Yar2：除数。 输出： EN0：辅助输出（BOOL型），一旦EN为高电平，其值就为高电平； Var3：商，即被除数和除数相除后的结果 　当EN为TRUE时，DIV功能块被激活，EN0输出为TRUE；Var1、Var2相除后，将其结果赋给Var3（例Var1＝4，Var2＝2，Var3＝2）
操作符	SUB
功能说明	该功能块用于变量或常量相减；Var3＝Var1－Var2；输入、输出的数据类型必须相同
图形	 SUB EN　EN0 Var1　－　Var3 Var2
管脚定义	输入： EN：功能块使能（BOOL型），当其为高电平时，SUB功能块被激活； Var1：被减数； Var2：减数。 输出： EN0：辅助输出（BOOL型），一旦EN为高电平，其值就为高电平； Var3：差，即被减数减去减数后的结果。 　当EN为1时，SUB功能块被激活，EN0输出为1；减数Var1、Var2相减后，将其结果赋给Var3（例：Var1＝4，Var2＝2，Var3＝2）
操作符	ADD
功能说明	该功能块用于变量或常量相加；Var3＝Var1＋Var2；输入、输出的变量类型必须相同
图形	 ADD EN　EN0 Var1　＋　Var3 Var2

续表

操作符	ADD
管脚定义	输入： EN：功能块使能（BOOL 型），当其为高电平时，ADD 功能块被激活； Var1：加数 1； Var2：加数 2。 输出 EN0：辅助输出，一旦 EN 为高电平，其值就为高电平； Var3：和，即输入值相加后的结果。 当 EN 为 TRUE 时，ADD 功能块被激活，EN0 输出为 TRUE；加数 Var1、Var2 相加后，将其结果赋给 Var3（例：Var1 = 4，Var2 = 2，Var3 = 6）
操作符	MOVE
功能说明	该功能块用于将一个常量或者变量的值赋给另外一个变量
图形	MOVE EN　EN0 Var1　—　Var2
管脚定义	输入： EN：布尔型（BOOL），当其为 TRUE 时，MOVE 功能块被激活； Var1：变量 1。 输出： EN0：布尔型（BOOL），一旦 EN 为 TRUE，其值就为 TRUE； Var2：变量 2。 当 EN 为 TRUE 时，MOVE 功能块被激活，EN0 输出为 TRUE；把变量 1 的数据传送到指定的变量 2 中，Var2 = Var1（例：Var1 为 5，结果 Var2 为 5）
操作符	AND
功能说明	该功能块用于变量或常量的相与运算，输入、输出变量类型必须一致
图形	AND EN　EN0 Var1　& Var2　—　Var3
管脚定义	输入： EN：布尔型（BOOL），当其为 TRUE 时，AND 功能块被激活； Var1：变量 1； Var2：变量 2。 输出： EN0：布尔型（BOOL），一旦 EN 为 TRUE，其值就为 TRUE； Var3：单字（WORD），变量 3、变量 1 和变量 2 相与运算后的结果。 当 EN 为 TRUE 时，AND 功能块被激活，EN0 输出为 TRUE；Var1 和 Var2 进行相与运算，将其结果赋给 Var3，Var3 = Var1 AND Var2 （例：Var1 为 2#10010011，Var2 为 2#10001010，结果 Var3 为 2#10000010）

操作符	SHR
功能说明	该功能块用于对操作数按位右移，右边移出的位不做处理，左边自动补 0
图形	
管脚定义	输入： EN：布尔型（BOOL），当其为 TRUE 时，SHR 功能块被激活； Var1：变量 1 需要右移的操作数； Var2：变量 2 右移的位数。 输出： EN0：布尔型（BOOL），一旦 EN 为 TRUE，其值就为 TRUE； Var3：变量 3，对操作数进行按位右移后的结果。 当 EN 为 TRUE 时，SHR 功能块被激活，EN0 输出为 TRUE；对操作数变量 1 进行按变量 2 的位数右移后的结果赋给 Var3，Var3 = SHR（Var1，Nar2） （例：Var1 为 16#45，Var2 为 2，结果 Var3 为 16#0011）
操作符	EQ
功能说明	这是一个布尔量操作符。当第一个操作数与第二个操作数相等时，返回值为 TRUE
图形	
管脚定义	输入： 操作数可以是任何基本数据类型，如 BOOL、BYTE、WORD、DWORD、SINT、USINT、INT、UINT、DINT、UDINT、REAL、LREAL、TIME、DATE、TIME OF DAY、DATE AND TIME 和 STRING。 输出：布尔型（BOOL）
操作符	BYTE TO BOOL
功能说明	该功能块用于字节类型数据向布尔类型数据的转换
图形	
管脚定义	若操作数不为 0，则结果为 TRUE；若操作数为 0，则结果为 FALSE.

五、 任务评价

任务评价见表 2.7.3。

表 2.7.3　任务评价

评分要素	技术要求	配分	评分细则	得分	备注
程序设计	设计的代码能实现预期功能	60	1. 设计方案合理（15分） 2. 程序代码整洁规范（10分） 3. 功能完善（10分） 4. 可读性强（10分） 5. 调试通过（15分）		
程序仿真	仿真能实现预期效果	15	实现仿真功能（15分）		
硬件测试	硬件测试效果明显	20	1. 操作顺序合理（10分） 2. 测试效果明显（10分）		
安全文明生产	整理台面和仪器箱	5	1. 实验台面整洁、凳子放回原位（2分） 2. 实验挂件齐全，无损毁（3分）		
总分					

任务八 M241 通过 Modbus RTU 通信控制变频器

一、任务描述

本任务首先学习 Modbus RTU 的基础知识，再综合已学知识进行通信配置，建立 PLC 和变频器、触摸屏之间的 Modbus 通信，通过触摸屏对变频器进行控制。

二、任务目标

1. 知识目标

（1）学习利用基本指令编写简单程序；

（2）学习为 PLC 添加 Modbus 设备，通过 Modbus 控制变频器的方法。

2. 技能目标

（1）完成例程编写；

（2）绘制触摸屏组态画面；

（3）学习变频器相关知识，利用 Modbus 通信方式控制变频器，可以使用触摸屏启停电动机。

3. 素养目标

（1）守纪律、讲规矩、明底线、知敬畏；

（2）安全无小事，增强安全观念，遵守组织纪律；

（3）培养质量和经济意识；

（4）领悟吃苦耐劳、精益求精等工匠精神的实质；

（5）培养动手、动脑和勇于创新的积极性；

（6）培养耐心、专注的素质；

（7）培养安全与环保责任意识；

（8）培养严谨求实、认真负责、踏实敬业的工作态度。

三、任务分析

1. 任务目的

（1）熟练使用 EcoStruxure Machine Expert 软件编程；

（2）了解变频器和 Modbus 的相关知识；

（3）掌握通过 Modbus RTU 建立 PLC 和变频器之间通信的方法。

2. 材料准备

（1）M241；

（2）ET6500X 触摸屏；

（3）ATV320 变频器。

3. 任务要求

（1）在任务报告中提交操作的步骤说明，并附上关键操作的截图；

（2）提交任务报告并保留每个任务的完整工程文件。

四、 知识拓展

1. 什么是变频器

变频器（Variable – Frequency Drive，VFD）是应用变频技术与微电子技术，通过改变电动机工作电源频率的方式来控制交流电动机的电力控制设备。

2. 变频器运行所涉及的主要功能

CiA402 是 CANopen 标准协议中的子协议之一，全称 CAN in Automation Draft Standard Proposed 402 Version。CANopen 协议由一系列子协议组成，可分为通信子协议和设备子协议。CiA402 属于设备子协议，该协议用于运动控制功能逻辑，定义了运动控制相关的一些对象参数、状态机和一些运行模式。

主要参数的 CiA402 名称和 CiA402/Drivecom 索引号一起显示（括号中的值是参数的 CANopen 地址）。

图 2.8.1 所示为变频器运行的控制图。

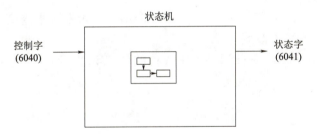

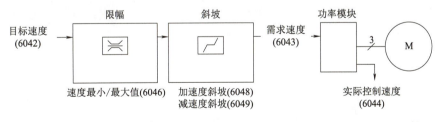

图 2.8.1　变频器运行的控制图

对于 ATV 变频器来说，图 2.8.1 转变为图 2.8.2 所示简图。

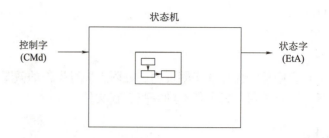

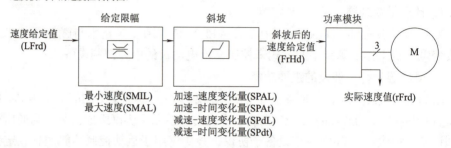

图 2.8.2　ATV 变频器运行的控制图

在通电且启动运行模式之后，变频器会经历多次运行状态。

状态图（状态机）（图 2.8.3）显示了运行状态和状态转变之间的关系。运行状态受到内部监控，并被监控功能影响。

变频器的运行状态会根据控制字［命令寄存器］（CMD）是否发送指令或变频器发生了某一事件（例如故障）而改变。

可通过状态字［CiA402 状态寄存器］（EtA）的值来识别变频器的运行状态。

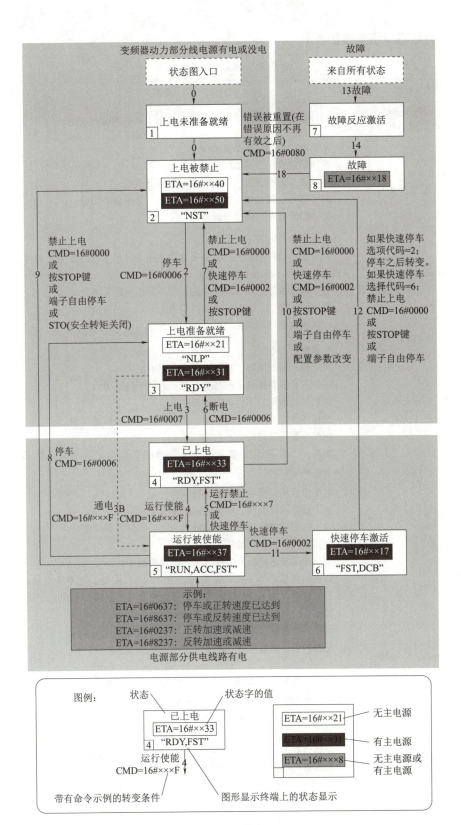

图 2.8.3　状态图

运行状态说明见表 2.8.1。

表 2.8.1　运行状态说明

运行状态	说明
1 – Not ready to switch on （上电未准备就绪）	初始化启动。这是一个在通信网络上不可见的瞬时状态
2 – Switch on disabled （上电被禁止）	变频器动力部分未准备通电。 变频器被锁定，不能给电动机供电。 对于独立的控制级，没有必要向变频器供电。 对于带有线路接触器的独立的控制级，接触器未闭合。 可以修改配置和调整参数
3 – Ready to switch on （上电准备就绪）	变频器动力电源等待供电。 对于独立的控制级，没有必要提供主电源，但系统需要主电源才能转变到已上电（4 – Switch on）状态。 对于带有线路接触器的独立的控制级，接触器未闭合。 变频器被锁定，不能给电动机供电。 可以修改配置和调整参数
4 – Switched on （已上电）	变频器已上电。 对于独立的控制级，动力电源必须有电。 对于带有线路接触器的独立的控制级，接触器闭合。 变频器被锁定，不能给电动机供电。 变频器的电源运行准备就绪，但电压尚未施加到输出端。 调整参数可被修改。 如果一个配置参数被修改，变频器就会返回上电被禁止状态（2 – Switch on disabled）
5 – Operation enabled （运行被使能）	电源已启用，变频器处于运行状态。 对于独立的控制级，动力电源必须有电。 对于带有线路接触器的独立的控制级，接触器必须闭合。 变频器已解锁，电动机已通电。 变频器功能被激活，电压已加到电动机端子。 如果给定值为 0，或者应用了暂停（Halt）命令，则不给电动机供电，不施加转矩。为了执行［自整定］（un）命令，变频器必须处于运行被使能状态（5 – Operation enabled）。 调整参数可被修改。 配置参数不能被修改。 注意：命令只有在通道有效的情况下才对使能运行命令（4 – Enable operation）加以考虑。特别是，如果在通道和给定值中涉及通道，只有在收到一次给定值之后才能转变为状态 5。 变频器对于禁止运行（Disable operation）命令的反应取决于［通电禁用停车类型］（dOEd）参数的值： ● 如果［通电禁用停车类型］（dDEd）参数被设置为 0，变频器就会变为已上电状态（4 – Switch on），并以自由停车模式停车。 ● 如果［通电禁用停车类型］（dDEd）参数被设置为 1，变频器就会在斜坡停车，然后变为已上电状态（4 – Switched on）

续表

运行状态	说明
6 – Quick stop active（快速停车激活）	变频器执行快速停车，并保持锁定在快速停车激活状态（6 – Quick stop active）。在重新启动电动机之前，需要进入上电被禁止状态（2 – Switch on disabled）。 在快速停车期间，变频器处于解锁状态，电动机被供电。 配置参数不可被修改。 状态转变到上电被禁止状态（2 – Switch on disabled）的条件取决于参数快速停车模式（QStd）的值： 如果快速停车模式（QStd）的值为 FST2，变频器就会按照快速停车斜坡停车，然后变为上电被禁止状态（2 – Switch on disabled）； 如果快速停车模式（QStd）的值为 FST6，变频器就会按照快速停车斜坡停车，然后保持在快速停车激活状态（6 – Quick stop active），直到： ● 收到禁止上电（Disable voltage）命令，或 ● STOP 键被按下，或 ● 收到来自端子的数字输入的自由停车命令
7 – Fault reaction active（故障反应激活）	瞬时状态。在此状态下，变频器会执行此故障对应的操作
8 – Fault（故障）	错误响应停止，动力部分被禁用； 变频器被锁定，不能给电动机供电

设备状态综述见表 2.8.2。

表 2.8.2　设备状态综述

运行状态	带独立控制的功率级上电	电动机被供电	是否允许修改配置参数
1 – Not ready to switch on（上电未准备就绪）	不需要	否	是
2 – Switch on disabled（上电被禁止）	不需要	否	是
3 – Ready to switch on（上电准备就绪）	不需要	否	是
4 – Switched on（已上电）	需要	否	是，返回上电被禁止状态（2 – Switch on disabled）
5 – Operation enabled（运行被使能）	需要	是	否
6 – Quick stop active（快速停车激活）	需要	是，在快速停车期间	否

运行状态	带独立控制的功率级上电	电动机被供电	是否允许修改配置参数
7 – Fault reaction active（故障反应激活）	取决于错误响应配置	取决于错误响应配置	—
8 – Fault（故障）	不需要	否	是

命令寄存器（CMd）控制字的位映射见表2.8.3～表2.8.5。

表2.8.3　命令寄存器（CMd）控制字的位映射（1）

位7	位6	位5	位4	位3	位2	位1	位0
故障复位				使能运行	快速停车	允许上电	接通
0到1转变 = 错误被复位（引起故障的原因消失后）	保留（=0）	保留（=0）	保留（=0）	1 = 运行命令	0 = 快速停车激活	允许供应交流电	主接触器控制

表2.8.4　命令寄存器（CMd）控制字的位映射（2）

位15	位14	位13	位12	位11	位10	位9	位8
自定义	自定义	自定义	自定义	自定义	保留（=0）	保留（=0）	暂停
				0 = 请求正向　1 = 请求反向			暂停

表2.8.5　命令寄存器（CMd）控制字的位映射（3）

命令	状态转变	最终状态	位7 故障复位	位3 使能运行	位2 快速停车	位1 允许上电	位0 接通	典型命令字
Shutdown（停车）	2，6，8	3 – Ready to switch on（上电准备就绪）	X	X	1	1	0	16#0006
Switch on（上电）	3	4 – Switched on（已上电）	X	X	1	1	1	16#0007
Enable operation（使能运行）	4	5 – Operation enabled（运行被使能）	X	1	1	1	1	16#000F
Disable operation（禁止运行）	5	4 – Switched on（已上电）	X	0	1	1	1	16#0007
Disable voltage（禁止上电）	7，9，10，12	2 – Switch On disabled（上电被禁止）	X	X	X	0	X	16#0000

续表

命令	状态转变	最终状态	位 7 故障复位	位 3 使能运行	位 2 快速停车	位 1 允许上电	位 0 接通	典型命令字
Quick stop (快速停车)	11	6 – Quick Stop active (快速停车激活)	X	X	0	1	X	16#0002
	7, 10	2 – Switch On disabled (上电被禁止)						
Fault reset (故障复位)	15	2 – Switch On disabled (上电 被禁止)	0→1	X	X	X	X	16#0080

X：对此命令来说数值不影响。

0→1：上升沿命令。

3. 配置控制通道

ATV320 变频器的控制通道有 3 种

（1）I/O 模式：一个简单的命令字（基于正向、反向和复位二进制命令）。

（2）组合模式（使用自带的 CiA402 配置文件）：给定值和命令字均来自通信网络。

（3）隔离模式（使用自带的 CiA402 配置文件）：给定值和命令来自不同来源。例如：命令字（在 CiA402 中）来自通信网络，给定值来自 HMI。

1）三相异步电动机

三相异步电动机（Triple – phase asynchronous motor）是感应电动机的一种，是靠同时接入 380 V 三相交流电流（相位差 120°）供电的一类电动机。由于其转子与定子旋转磁场以相同的方向、不同的转速旋转，存在转差率，所以叫作三相异步电动机。三相异步电动机转子的转速低于旋转磁场的转速，转子绕组因与磁场间存在相对运动而产生电动势和电流，并与磁场相互作用产生电磁转矩，实现能量变换。

与单相异步电动机相比，三相异步电动机运行性能好，并可节省各种材料。按转子结构的不同，三相异步电动机可分为笼式和绕线式两种。笼式三相异步电动机结构简单、运行可靠、质量小、价格低，得到了广泛的应用，其主要缺点是调速困难。绕线式三相异步电动机的转子和定子也设置了三相绕组并通过滑环、电刷与外部变阻器连接。调节变阻器电阻可以改善电动机的起动性能和调节电动机的转速。

2）三相异步电动机的工作原理

三相异步电动机根据电磁感应原理工作的，当定子绕组通三相对称交流电时，在定子与转子间产生旋转磁场，该旋转磁场切割转子绕组，在转子回路中产生感应电动势和电流，转子导体的电流在旋转磁场的作用下，受到力的作用而使转子旋转。

五、 任务内容

1. EcoStruxure Machine Expert 配置部分

（1）在串口 1 处添加 Modbus_ IOScanner（图 2.8.4）。

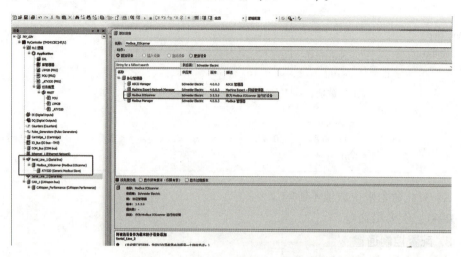

图 2.8.4　添加 Modbus_ IOScanner

（2）在 IOScanner 中添加通用 Modbus 设备（图 2.8.5）。

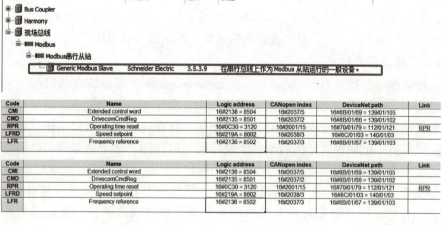

图 2.8.5　添加通用 Modbus 设备

（3）查询 ATV320Modbus 地址表可知：

控制字地址：16#2135；

频率给定地址：16#2136，单位为 0.1 Hz。

（4）添加通道（图 2.8.6）。

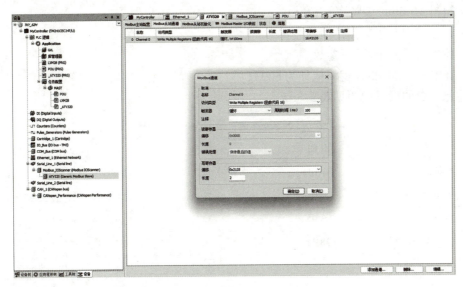

图 2.8.6 添加通道

（5）添加 I/O 映射（图 2.8.7）。

变量	映射	通道	地址	类型	默认值	单位	描述
⊟ 📁		Channel 0	%QW2	ARRAY [0..1] OF WORD			Write Multiple Registers
⊞ 📁 ControlWord	📁	Channel 0[0]	%QW2	WORD	0		0x2135
⊞ 📁 FrequencySet	📁	Channel 0[1]	%QW3	WORD	250		0x2136

图 2.8.7 添加 I/O 映射

2. ATV320 变频器配置部分

可通过"通信"（**COn-**）菜单访问变频器的 Modbus 通信功能配置。

通信参数的改变在变频器重启之后生效。

1）［Modbus 地址］（Add）

此参数用于设置 Modbus 地址。

此参数是一个读/写参数。

此参数的 Modbus 逻辑地址为 6001。

此参数的设置说明见表 2.8.6。

表 2.8.6 ［Modbus 地址］（Add）的设备说明

设置	代码	值	说明
［OFF］ ［1~247］	（OFF） （1...247）	0 1.247	Modbus 地址未被分配 Modbus 地址已被分配 工厂设置：OFF

2）［Modbus 波特率］（tbr）

此参数定义了数据传输的波特率。

此参数是一个读/写参数。

此参数的 Modbus 逻辑地址为 6003。

此参数的设置说明见表 2.8.7。

表 2.8.7 ［Modbus 波特率］（tbr）的设备说明

设置	代码	值	说明
［4 800 bit/s］	（4HB）	24	波特率被设置为 4.8 Kbit/s
［9 600 bit/s］	（SHE）	28	波特率被设置为 9.6 Kbit/s
［19 200 bit/s］	（/SH^2）	32	波特率被设置为 19.2 Kbit/s
［38.4 Kbit/s］	（38H4）	36	波特率被设置为 38.4 Kbit/s
—	—	—	工厂设置：19.2 Kbit/s

3）［Modbus 格式］（tFo）

此参数用于定义数据格式。

此参数是一个读/写参数。

此参数的 Modbus 逻辑地址为 6004。

此参数的设置说明见表 2.8.8。

表 2.8.8 ［Modbus 格式］（tFo）的设置说明

设置	代码	值	说明
［8 - 0 - 1］	（80/）	2	8 个数据位，奇校验，1 个停止位
［8 - E - 1］	（BE/）	3	8 个数据位，偶校验，1 个停止位
［8 - N - 1］	（8B/）	4	8 个数据位，无校验，1 个停止位
［8 - N - 2］	（872）	5	8 个数据位，无校验，2 个停止位
工厂设置：8E1	—	—	—

4）［Modbus 超时］（tto）

此参数用于设置 Modbus 超时时间。

此参数是一个读/写参数。

此参数的 Modbus 逻辑地址为 6005。

此参数的设置说明见表 2.8.9。

表 2.8.9 ［Modbus 超时］（tto）的设置说明

设置	代码	值	说明
［0.1...30.0］	（0.1...30.0）	1...300	在 0.1~30 s 范围内可调 工厂设置：10 s

ATV320 变频器 Modbus 通信参数配置见表 2.8.10。

表 2.8.10　ATV320 变频器 Modbus 通信参数配置

工厂配置	在配置变频器之前，建议进行工厂配置。进入： • ［1.3 设置］（OnF）菜单 • ［出厂设置］（F5 -）子菜单 然后配置下列参数： • ［参数组列表］（Fr9 -）=［全部］（月 1/） • ［恢复为出厂设置］（CF 5）= OK
命令配置	如要控制使用 Modbus 串行通信的变频器，必须选择 Modbus 为有效的命令通道。进入： • ［1.3 设置］（OnF）菜单 • ［全部］（Full）菜单 • ［命令］（EL -）子菜单 然后将［给定 1 通道］（FrI）参数设置为［集成的 MODBUS］（Tdb）的值
通信配置	在菜单中选择 Modbus 地址： • ［1.3 设置］（OnF）菜单 • ［全部］（Full）菜单 • ［通信］（07 -）菜单 • ［Modbus 网络］（d1 -） • ［Modbus 地址］（Add） 必须重启变频器，修改的通信参数才能生效

5）控制通道配置

在［命令］（CtL -）菜单进行如下配置。

（1）［给定频率 1 配置］（Fr/）：根据通信来源可以进行表 2.8.11 所示配置。

表 2.8.11　给定频率 1 配置（1）

控制源	给定频率 1 配置
Modbus 串行接口	［Modbus］（7 dB）

（2）［频率切换分配］（rFC）：设置为缺省值（［给定通道 1］（Fr1））。

（3）［控制模式］（CHCF）：定义变频器是否在组合模式下运行（给定值和命令来自同一通道）。

对于当前的示例，作为参考，［控制模式］（HF）被调整为［组合通道］（SIN），给定和控制功能源于通信网络（表 2.8.12）。

表 2.8.12　给定频率 1 配置 (2)

配置文件	给定频率 1 配置
CiA402 组合模式	[组合通道] (SIN)
CiA402 隔离模式	[隔离通道] (SEP)
I/O 配置文件	[I/O 配置文件] (IO)

3. 程序编写

根据状态机编写程序，参考程序如图 2.8.8 所示。

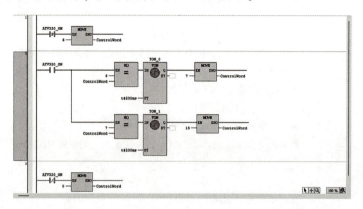

图 2.8.8　参考程序

ATV320_ ON 置"1"时，变频器启动，ATV320_ ON 置"0"时，变频器停止。

六、任务评价

任务评价见表 2.8.13。

表 2.8.13　任务评价

评分要素	技术要求	配分	评分细则	得分	备注
程序设计	设计的代码能实现预期功能	60	1. 设计方案合理（15 分） 2. 程序代码整洁规范（10 分） 3. 功能完善（10 分） 4. 可读性强（10 分） 5. 调试通过（15 分）		
程序仿真	仿真能实现预期效果	15	实现仿真功能（15 分）		
硬件测试	硬件测试效果明显	20	1. 操作顺序合理（10 分） 2. 测试效果明显（10 分）		
安全文明生产	整理台面和仪器箱	5	1. 实验台面整洁、凳子放回原位（2 分） 2. 实验挂件齐全，无损毁（3 分）		
总分					

任务九　CANopen 通信的伺服电动机控制

一、任务描述

本任务初步了解 CANopen 通信、伺服电动机和伺服驱动器的相关知识，结合已学知识，在触摸屏和 PLC 之间建立 Modbus 通信，在 PLC 和伺服驱动器之间建立 CAN 通信，通过触摸屏按键控制伺服电动机运行。

二、任务目标

1. 知识目标

（1）学习利用基本指令和功能块编写简单程序；

（2）学习伺服系统的基础知识，建立 PLC 和伺服驱动器之间的 CANopen 通信；

（3）搭建组态画面，对伺服系统进行简单控制。

2. 技能目标

（1）完成例程编写；

（2）建立 PLC 和伺服驱动器之间的通信；

（3）熟悉掌握基本指令和伺服功能块；

（4）根据控制要求梳理思路，完成控制系统搭建。

3. 素养目标

（1）守纪律、讲规矩、明底线、知敬畏；

（2）安全无小事，增强安全观念，遵守组织纪律；

（3）培养质量和经济意识；

（4）领悟吃苦耐劳、精益求精等工匠精神的实质；

（5）培养动手、动脑和勇于创新的积极性；

（6）培养耐心、专注的素质；

（7）培养严谨求实、认真负责、踏实敬业的工作态度。

三、任务分析

1. 任务目的

（1）熟练使用 EcoStruxure Machine Expert 软件编程；

（2）了解伺服控制和 CANopen 的相关知识

（3）掌握通过 CANopen 建立 PLC 和伺服驱动器通信的方法。

2. 材料准备

（1）M241；

（2）ET6500X 触摸屏；

（3）LXM28 伺服驱动器。

3. 任务要求

（1）在任务报告中提交操作的步骤说明，并附上关键操作的截图；

（2）提交任务报告并保留每个任务的完整工程文件。

四、知识拓展

1. 伺服电动机的工作原理和使用场景

1）伺服电动机的工作原理

伺服电动机（servo motor）是指在伺服系统中控制机械元件运转的发动机，是一种辅助电动机间接变速装置。

伺服电动机可以控制速度，位置精度非常高，可以将电压信号转化为转矩和转速以驱动控制对象。伺服电动机转子转速受输入信号控制，并能快速反应，在自动控制系统中用作执行元件，且具有机电时间常数小、线性度高等特性，可把所收到的电信号转换成电动机轴上的角位移或角速度输出。伺服电动机分为直流和交流两大类，其主要特点是：当信号电压为零时无自转现象，转速随着转矩的增加而匀速下降。

伺服系统（servo mechanism）是使物体的位置、方位、状态等输出被控量能够跟随输入目标（或给定值）任意变化的自动控制系统。伺服系统主要靠脉冲来定位。基本上可以这样理解，伺服电动机接收到 1 个脉冲，就会旋转 1 个脉冲对应的角度，从而实现位移。因为伺服电动机本身具备发出脉冲的功能，所以伺服电动机每旋转一个角度，都会发出对应数量的脉冲，这和伺服电动机接受的脉冲形成了呼应，或者叫作闭环，如此一来，伺服系统就会知道发送了多少脉冲给伺服电动机，同时又收到了多少脉冲，这样就能够很精确地控制电动机的转动，从而实现精确的定位，精度可以达到 0.001 mm。

直流伺服电动机分为有刷和无刷两类。有刷电动机成本低，结构简单，启动转矩大，调速范围宽，控制容易，需要维护，但维护不方便（需要换碳刷），产生电磁干扰，对环境有要求。因此，它可以用于对成本敏感的普通工业和民用场合。

无刷电动机体积小，质量小，出力大，响应快，速度高，惯量小，转动平滑，力矩稳定，控制复杂，容易实现智能化，其电子换相方式灵活，可以方波换相或正弦波换相。无刷电动机免维护，效率很高，运行温度低，电磁辐射很小，寿命长，可用于各种环境。

交流伺服电动机也是无刷电动机，分为同步和异步两类，运动控制中一般都用同步电动机，它的功率范围大，可以做到很高的功率。其惯量大，最高转动速度低，且随着功率增高而快速降低，因此适合低速平稳运行的应用。

伺服电动机内部的转子是永磁铁，驱动器控制的 U/V/W 三相电形成电磁场，转子在此磁场的作用下转动，同时电动机自带的编码器反馈信号给驱动器，驱动器将反馈值与目标值进行比较，调整转子转动的角度。伺服电动机的精度取决于编码器的精度（线数）。

交流伺服电动机和无刷直流伺服电动机在功能上的区别：交流伺服电动机的性能要好一些，因为它采用正弦波控制，转矩脉动小；直流伺服电动机采用梯形波控制，比较简单、便宜。

2）伺服电动机的使用场景

（1）自动化生产线：伺服电动机广泛应用于自动化生产线上的各种设备和机器，例如包装机、注塑机、印刷机、钻床、切割机等。通过精确的位置、速度、扭矩控制，可以实现生产线的高效率、高精度、高可靠性。

（2）机器人技术：伺服电动机作为机器人关节驱动器的重要组成部分，可以实现机器人的精准运动和操作。例如，工业机器人、医疗机器人、家庭服务机器人等均使用伺服电动机。

（3）医疗设备：伺服电动机在医疗设备中的应用包括 CT 扫描、磁共振成像、手术机器人等。它通过精准的控制，可以提高医疗设备的精度和安全性。

（4）航空航天：伺服电动机在航空航天领域中的应用包括飞机飞行控制系统、导弹控制系统、航天器姿态控制系统等。它通过精确的位置和速度控制，可以实现飞行器的高效运动和高稳定性。

（5）汽车工业：伺服电动机在汽车工业中应用广泛，例如汽车座椅调节器、转向盘驱动器、刹车系统、变速器等。它通过精准的控制，可以提高汽车的安全性、舒适性和性能。

综上所述，伺服电动机广泛应用于各个领域，通过高精度、高效率的控制，可以提高生产效率、产品质量和工作安全性。

2. CANopen 介绍

CANopen 利用对象字典和对象管理网络设备之间的通信。借助过程数据对象（PDO）和服务数据对象（SDO），某一网络设备可以对另一设备对象列表中的对象数据提出请求，并在被允许时将已更改的数值再次改回。

PDO（过程数据对象）用于过程数据的实时传输。

SDO（服务数据对象）用于数据字典的读写访问。

用于控制 CANopen 消息的对象如下。

（1）mSYNC 对象（同步对象），用于网络设备同步。

（2）mEMCY 对象（紧急对象），用于指示设备或其外围设备的检出错误。

网络管理服务如下。

（1）mNMT 服务，用于初始化和网络控制（NMT：网络管理）。

（2）mNMT 节点保护，用于监控网络设备。

（3）mNMT 心跳，用于监控网络设备。

SDO 可用于利用索引和子索引访问对象字典的条目。对象的值可被读取，如果允许的话，还可被写入。

每个网络设备至少配备一个 SDO 服务器，它能够对来自另一不同设备的读取和写入请求做出响应。

SDO 客户端的 TxSDO 用于发送数据交换请求，RxSDO 则用于接收数据交换请求。

3. LXM28 伺服驱动器相关知识

LXM28 接口如图 2.9.1 所示。

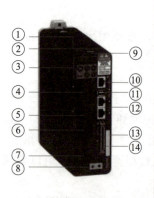

项目	描述
①	安全功能 STO 接口
②	应用铭牌插槽（VW3M2501）
③	HMI：7 段显示器、5 个按钮和 2 个 LED 状态
④	用于电动机连接的可移除式端子（随附）
⑤	用于制动电阻器连接的可移除式端子（随附）
⑥	带 LED 状态指示灯的 DC 总线接口
⑦	用于连接电源的可移除式端子（随附）
⑧	用于保护性接地的螺纹型端子
⑨	用于技术参数访问的 QR 代码
⑩	用于 Modbus 串行链路的 RJ45 接口（调试接口）
⑪	用于电动机编码器的接口
⑫	2 个用于集成式 CANopen 连接的 RJ45 接口
⑬	设备型号
⑭	I/O 接口

图 2.9.1　LXM28 接口

调试工具如图 2.9.2 所示。

项目	描述
①	集成的 HMI
②	装有调试软件 LXM28 DTM Library 的 PC
③	现场总线

图 2.9.2　调试工具

4. 集成式 HMI

集成式 HMI 能够编辑参数、启动运行模式 Jog 或执行自动调整，同样可以显示诊断信息（如参数值或错误代码），如图 2.9.3 所示。

图 2.9.3　集成式 HMI

项目	描述
①	5 位 7 段显示器
②	"OK" 键
③	箭头键
④	"M" 键
⑤	"S" 键

图 2.9.3　集成式 HMI (续)

LXM28 HMI 的结构如图 2.9.4 所示。

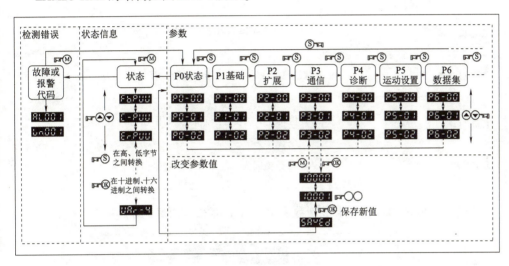

图 2.9.4　LXM28　HMI 的结构

按键功能见表 2.9.1。

表 2.9.1　按键功能

元素	功能
HMI 显示器	5 位 7 段显示器可显示实际值、参数设置、状态信息和故障代码
"M" 键	通过 "M" 键可在实际值、故障代码和参数间进行切换。 在识别出故障时，HMI 将显示故障代码。通过 "M" 键可切换显示内容，但若 20 s 内未进行操作，则显示器将返回故障代码显示
"S" 键	通过 "S" 键可浏览参数组。 当所选参数的值显示出来后，通过 "S" 键可将光标位置向左移。光标在当前位置上闪烁。通过箭头键可更改当前光标位置的值
箭头键	通过箭头键可浏览参数组中的实际值和参数。值可以通过箭头键增大或减小
"OK" 键	选择参数后，可通过按 "OK" 键显示当前参数值。通过箭头键可更改显示的值。再次按 "OK" 键可保存值

HMI 显示说明见表 2.9.2。

表 2.9.2　HMI 显示说明

7 段显示器	说明
SAuEd	新参数值保存成功
r-oLY	参数是只读参数，无法修改（Read–Only）
Prot	更改参数值的前提条件是独占访问
out-r	新参数值超出数值范围（Out of range）
Sruon	新参数值只能在输出极禁用时才能保存（Servo On）
Po-On	新参数值将在下次接通产品时被采用（Power On）
Error	输入的参数值因为其他原因不被驱动放大器接收

7 段显示分别用正、负十进制数表示 16 bit 和 32 bit 值（图 2.9.5、图 2.9.6）。

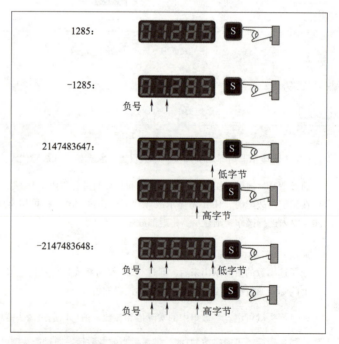

图 2.9.5　7 段显示器中的十进制数字显示　（1）

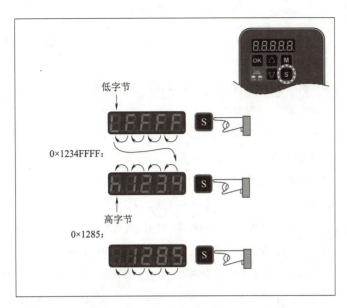

图 2.9.6　7 段显示器中的十六进制数字显示 （2）

当驱动器接通后，可以通过 HMI 显示状态信息。通过参数 P0－02 可设置要显示哪些状态信息（表 2.9.2）。例如，当 P0－02 被设置为值 7 时，驱动器将在接通后显示电动机转速。

表 2.9.2　参数 P0－02 说明

设置 P0－02	说明
0	实际位置（通过传动系数使用），单位为 PUU
1	目标位置（通过传动系数使用），单位为 PUU
2	实际位置与目标位置（通过传动系数使用）之间的偏差，单位为 PUU
3	实际位置，单位为电动机增量（1 280 000 脉冲/r）
4	目标位置，单位为电动机增量（1 280 000 脉冲/r）
5	实际位置与目标位置间的偏差，单位为电动机增量（1 280 000 脉冲/r）
6	参比量，单位为千脉冲/s（kpps）
7	实际速度，单位为 r/min
8	目标速度的电压，单位为 V
9	目标速度，单位为 r/min
10	目标转矩的电压，单位为 V
11	目标转矩以电动机额定电流的百分比
12	平均载荷以电动机额定电流的百分比
13	上次开机以来使用的驱动器的峰值电流储备以电动机额定电流的百分比（上次开机以来出现的设置 12 的最大值）

续表

设置 P0 – 02	说明
14	电源电压，单位为 V
15	负荷惯性与电动机惯性之比（除以 10）
16	输出极温度，单位为摄氏度（℃）
17	谐振频率，单位为 Hz
18	相对于编码器的脉冲的绝对数量
19	映射参数 1：参数 P0 – 25 的内容（映射目标在参数 P0 – 35 中设置）
20	映射参数 2：参数 P0 – 26 的内容（映射目标在参数 P0 – 36 中设置）
21	映射参数 3：参数 P0 – 27 的内容（映射目标在参数 P0 – 37 中设置）
22	映射参数 4：参数 P0 – 28 的内容（映射目标在参数 P0 – 38 中设置）
23	状态显示 1：参数 P0 – 09 的内容（要显示的状态信息在参数 P0 – 17 中设置）
24	状态显示 2：参数 P0 – 10 的内容（要显示的状态信息在参数 P0 – 18 中设置）
25	状态显示 3：参数 P0 – 11 的内容（要显示的状态信息在参数 P0 – 19 中设置）
26	状态显示 4：参数 P0 – 12 的内容（要显示的状态信息在参数 P0 – 20 中设置）
27	保留
39	数据输入的状态（P4 07 的内容）
40	数据输出的状态（P4 09 的内容）
41	驱动器状态（P0 – 46 的内容）
42	运行模式（P1 – 01 的内容）
49	解码器实际位置（P5 – 18 的内容）
50	目标速度，单位为 r/min
53	目标转矩为额定转矩的 0.1%
54	实际转矩为额定转矩的 0.1%
77	运行模式 PT 和 PS 下的目标速度，单位为 r/min
96	驱动器的固件版本和固件修正（P0 – 00 和 P5 – 00 的内容）
111	检出错误数

5. 检查运动方向

当在应用中需要运动转向时，可将运动方向参数化，从而使电动机正向和反向转动。运动方向定义为：看向突出的电动机轴的末端时，如果电动机轴逆时针方向旋转，则为正运动方向（图 2.9.7）。

（a）　　　　（b）

图 2.9.7　运动方向

（a）正运动方向；（b）负运动方向

（1）启动 JOG 运行模式（HMI：P4 – 05）。

HMI 在运行模式 JOG 中以 r/min 为单位显示速度。

（2）请设置适合应用的速度并用按"OK"键确认。

在 HMI 上显示 JOG。

①正方向转动：按向上箭头键。

②负方向转动：按向下箭头键。

（3）通过按"M"键可再次结束 JOG 运行模式。

（4）如果期待的运动方向与实际的运动方向不符，则运动可能反向。

①运动方向反转未启用：出现正向目标值时在正向转动。

②运动方向反转已启用：出现正向目标值时在反向转动。

（5）通过参数 P1–01 C=1 可反转运动方向。

6. 改变运动方向

改变运动方向操作如图 2.9.8 所示。

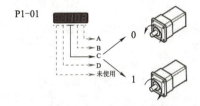

图 2.9.8　改变运动方向操作

7. CANopen 接口

LXM28 CANopen 接口接线如图 2.9.9 所示。

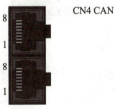

图 2.9.9　LXM28 CANopen 接口接线

管脚含义见表 2.9.3。

表 2.9.3　管脚含义

管脚	信号	含义	输入/输出
1	CAN H	CANopen 接口	CAN 电平
2	CAN L	CANopen 接口	CAN 电平
3	CAN 0V	接地 CAN	—
4~5	—	已保留	—
6 和连接器外壳	SHLD	功能地/屏蔽–内部连接至驱动放大器的地电位	—
7	CAN 0V	接地 CAN	—
8	—	已保留	—

8. CANopen 参数设置

每台设备通过一个唯一的地址进行识别。每台设备均必须有一个唯一的设备地址，该地址仅可在网络中赋值一次。必须为每台网络设备设置相同的传输速率（波特率）。

CANopen 的设备地址通过参数 P3 – 05 设置（表 2. 9. 4）。

波特率通过参数 P3 – 01 设置（图 2. 9. 10）。

表 2. 9. 4　参数 P3 – 05 说明

参数名称	描述	说明		通过现场总线的参数地址
P3 – 05 CMM	CANopen 的设备地址，在下述运行模式下可用：PT、PS、V、T。 该参数以十进制格式确定驱动放大器的 CANopen 设备地址。 设备地址必须唯一。 对该参数的更改只有在重启驱动器之后才会生效。更改的设置将在下次产品通电时被采用	最小值	0	Modbus 40An CANopen 4305h
		出厂设置	0	
		最大值	127	
		HMI 格式	十进制	
		数据类型	u16	
		R/W	RW	
		持续性	可持续保存	

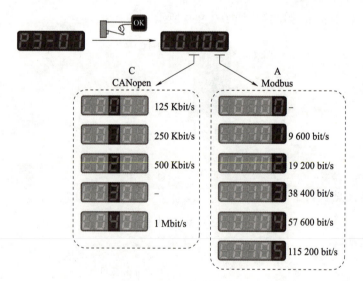

图 2. 9. 10　设置波特率

9. 电动机铭牌

电动机铭牌如图 2. 9. 11 所示。各说明见表 2. 9. 5。

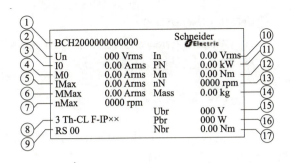

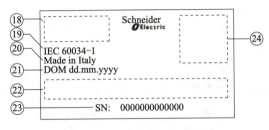

图 2.9.11　电动机铭牌

表 2.9.5　电动机铭牌项目说明

项目	描述	项目	描述
①	电动机型号	⑬	额定转速
②	额定电压	⑭	质量
③	连续静止电流	⑮	抱闸额定电压（选项）
④	连续静止转矩	⑯	抱闸额定功率（选项）
⑤	最大电流	⑰	抱闸额定转矩（选项）
⑥	最大转矩	⑱	认证
⑦	允许的最高转速	⑲	适用标准
⑧	电动机相数、温度等级、防护等级	⑳	制造国家
⑨	硬件版本	㉑	制造日期 DOM
⑩	额定电流	㉒	条码
⑪	额定功率	㉓	序列号
⑫	额定转矩	㉔	QR 代码

五、 任务实施

1. EcoStruxure Machine Expert 配置

（1）新建程序，按图 2.9.12 所示添加设备，使用默认参数，CANopen 地址需和设备对应。

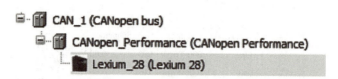

图 2.9.12　添加设备

在设备中选中 SDO 的数据通信方式，找到 Feed 参数，该参数为电动机转一圈的脉冲数，根据实际需要调整（图 2.9.13）。

图 2.9.13　更改伺服控制器参数

（2）在库管理器中添加库"lexium 28"，若已添加则跳过此步（图 2.9.14）。

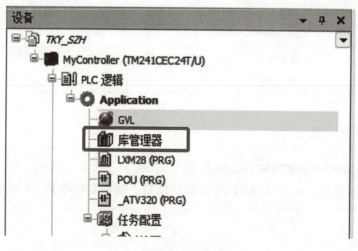

图 2.9.14　添加库

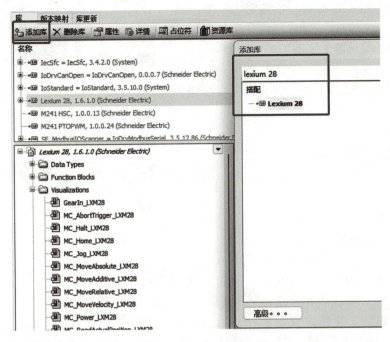

图 2.9.14　添加库（续）

2. LMX28 配置

（1）若伺服驱动器初次连接电动机，则需进行参数整定。

自动整定和手动整定功能会使电动机运动，以便对驱动控制进行调整。错误参数可能导致意外运动，或者使监测功能失去作用。

自动整定将根据所使用的机械驱动系统来调整驱动放大器的控制技术性能，并对控制环进行相应优化。

外部因素如电动机的负载也需要考虑。也可以通过手动整定来优化控制回路设置。

在设置传动控制时，可采用两种自动调整方式以及手动整定。

①轻松整定：无须用户参与的自动整定。在大多数应用场合，轻松整定可以提供良好的和动态的结果。

②舒适整定：自动整定在用户的支持下执行。可以选择优化标准并设置运动、方向和速度的参数。

③手动整定：在手动整定时可以执行测试运动，并通过示波器功能优化控制环。

这里使用轻松整定即可。

（2）开启轻松整定。

通过 HMI 或调试软件 LXM28 DM Library 启动轻松整定。轻松整定需要总共 5 圈的可用运动范围。在轻松整定时，将从当前电动机位置朝正方向转动 2.5 圈并朝负方向转动 2.5 圈。若相应的运动范围不可用，则应使用舒适整定。轻松整定适用于电动机转动惯量和负载的转动惯量比例为 1∶50 的情况。

在通过 P2－32 开启轻松整定之后，进度会以 tn000～tn100 的百分比显示在 IIMI 显示器上（图 2.9.15）。

按 HMI 上的"M"键可中断自动整定。

自动整定成功完成后会在 HMI 显示器上显示"done"。

按 HMI 上的"OK"键可储存控制电路参数的值。HMI 显示器会显示"saved"。

按 HMI 上的"M"键可摒弃自动整定的结果。

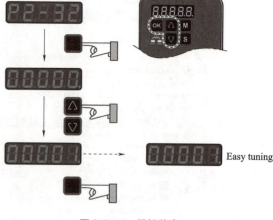

图 2.9.15　轻松整定

如果自动整定未能成功运行，HMI 显示器上会显示"ERROR"。通过参数 P9－30 可确定原因。

参数 P9－37 提供在自动整定中最后一次出现的事件的更多信息。

（3）根据实际需求设置 CANopen 地址和波特率，需要和 EcoStruxure Machine Expert 中设置的参数相同，否则无法连接，需注意有些参数需要重启才能使用。

3. 编写程序

LXM28 状态转移图如图 2.9.16 所示。

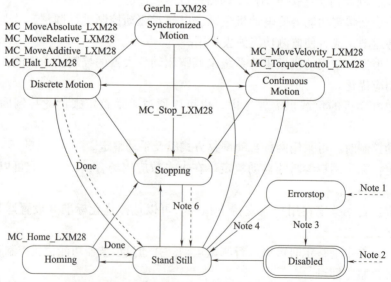

注1：已检测到错误（从任何状态进行过渡）。
注2：功能块MC_Power_LXM28的"启用"输入已被设置为FALSE，没有检测出错误（从任何状态进行过渡）。
注3：MC_Reset_LXM28和MC_Power_LXM28.Status=FALSE。
注4：MC_Reset_LXM28和MC_Power_LXM28.Status=TRUE且MC_Power_LXM28.Enable=TRUE。
注5：MC_Power_LXM28.Enable=TRUE和MC_Power_LXM28.Status=TRUE。
注6：MC_Stop_LXM28.Done=TRUE和MC_Stop_LXM28.Execute=FALSE。

图 2.9.16　LXM28 状态转移图

部分功能块简介见表2.9.6。

表2.9.6　部分功能块简介

功能块名称	图形表示	功能
MC_ Power_ LXM28	MC_Power_LXM28 Axis Axis_Ref_LXM28　　BOOL Status Enable BOOL　　　　　　BOOL Error	此功能块可启用或禁用电源极。位于输入 Enable 处的 TRUE 可启用电源极。一旦启用了电源极，则输出 Status 将被设置。位于输入 Enable 处的 FALSE 可禁用电源极。一旦禁用了电源极，则输出 Status 将被复位。如果在执行期间检出错误，输出 Error 将被设置
MC_ Jog_ LXM28	MC_Jog_LXM28 Axis Axis_Ref_LXM28　　　BOOL Done Forward BOOL　　　　　　BOOL Busy Backward BOOL　　BOOL CommandAborted Fast BOOL　　　　　　　BOOL Error TipPos DINT WaitTime INT VeloSlow DINT VeloFast DINT	该功能块可启动点动操作。位于输入 Forward 或输入 Backward 处的 TRUE 可启动点动运动。如果输入 Forward 和 Backward 均为 FALSE，则该点动操作会被终止，输出 Done 将被设置。如果输入 Forward 和 Backward 均为 TRUE，则该点动操作仍将保持活动状态，但点动运动将被停止，输出 Busy 将会继续保持设置状态
MC_ MoveAbsolute_ LXM28	MC_MoveAbsolute_LXM28 Axis Axis_Ref_LXM28　　　BOOL Done Execute BOOL　　　　　　BOOL Busy Position DINT　　BOOL CommandAborted Velocity DINT　　　　　　BOOL Error	此功能块可启动以速度 Velocity 朝向绝对目标位置 Position 的运动。 朝向目标位置的运动根据运动轨迹执行。运动轨迹由驱动器中的轨迹生成器计算。该计算根据实际位置与目标位置、实际速度与目标速度以及加速度与减速度斜坡执行
MC_ SetPosition_ LXM28	MC_SetPosition_LXM28 Axis Axis_Ref_LXM28　　　BOOL Done Execute BOOL　　　　　　BOOL Busy Position DINT　　BOOL CommandAborted Relative BOOL　　　　　　BOOL Error	此功能块可对电动机的实际位置设置位置值。零点由此位置值定义。只有在电动机处于停止状态时才可使用此功能块。位置设置：将电动机位置设置到特定位置值。零点相对此位置值重新定义。只能在电动机处于停止状态时才可进行位置设置
MC_ Reset_ LXM28	MC_Reset_LXM28 Axis Axis_Ref_LXM28　　　BOOL Done Execute BOOL　　　　　　BOOL Busy 　　　　　　　　　　　　BOOL Error	此功能块用于确认已检出错误。出错存储器会被清除，这样它便可以用于日后的错误消息。如果自动错误响应禁用了电源极，只要在错误消息被确认时检出错误的原因已被纠正，电源极才可以被再次启用

根据需求，编写程序，参考程序如图 2.9.17 所示。

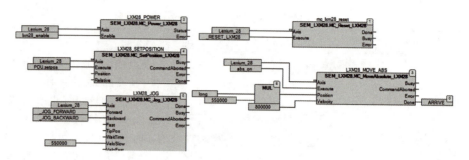

图 2.9.17　参考程序

根据功能块描述和 LXM28 状态转移图调整对应参数即可观测到伺服电动机进行符合要求的运动。

六、任务评价

任务评价见表 2.9.7。

表 2.9.7　任务评价

评分要素	技术要求	配分	评分细则	得分	备注
程序设计	设计的代码能实现预期功能	60	1. 设计方案合理（15 分） 2. 程序代码整洁规范（10 分） 3. 功能完善（10 分） 4. 可读性强（10 分） 5. 调试通过（15 分）		
程序仿真	仿真能实现预期效果	15	实现仿真功能（15 分）		
硬件测试	硬件测试效果明显	20	1. 操作顺序合理（10 分） 2. 测试效果明显（10 分）		
安全文明生产	整理台面和仪器箱	5	1. 实验台面整洁、凳子放回原位（2 分） 2. 实验挂件齐全，无损毁（3 分）		
总分					

任务十　综合任务——圆锯机

一、 任务描述

全自动圆锯机的控制界面采用的是基于 PLC 的 HMI 技术发展的操作系统，通常搭配触控式屏幕及操作面板。采用人机界面，只需操作者输入材料的规格尺寸、加工数量等参数，系统就会根据输入的参数自动调整圆锯机的参数，以便提供操作者最简便的操作方式。这类圆锯机的安全性较高，一般在全封闭状态下工作，出现故障时可自动停止并报警，可以避免发生人员伤亡和设备损失，同时加工效率非常高。

全自动圆锯机的优点是：控制精度高，切削速度快，中心操作自动完成，操作者通过简短培训便能使用，通过 PLC 控制（不需要 CNC 程序或其他特别的专业知识）。

本任务运用 PLC、变频器、伺服驱动系统的知识，进行简易自动圆锯机的编程调试、触摸屏画面的绘制调试、设备之间的通信配置。

二、 任务目标

1. 知识目标
（1）学习利用基本指令和功能块编写圆锯机程序；
（2）利用变频器控制圆锯，利用伺服电动机和丝杆控制进/出料。

2. 技能目标
（1）完成圆锯机例程编写；
（2）完成 HMI 控制面板绘制；
（3）根据控制要求完成系统搭建，并根据自己的发散思维进行改进。

3. 素养目标
（1）守纪律、讲规矩、明底线、知敬畏；
（2）安全无小事，增强安全观念，遵守组织纪律；
（3）培养质量和经济意识；
（4）领悟吃苦耐劳、精益求精等工匠精神的实质；
（5）培养动手、动脑和勇于创新的积极性；
（6）培养耐心、专注的素质；
（7）培养严谨求实、认真负责、踏实敬业的工作态度。

三、 任务分析

1. 任务目的
（1）利用所学知识搭建自动圆锯机系统，要求可以用触摸屏控制设备运行、可以给定长度自动切割、在触摸屏上显示当前设备状态等；

（2）利用伺服电动机作为进料的电动机；

（3）利用三相异步电动机作为圆锯的电动机。

2. 材料准备

（1）M241；

（2）ET6500X 触摸屏；

（3）LXM28 伺服驱动器；

（4）ATV320 变频器。

3. 任务要求

（1）在任务报告中提交操作的步骤说明，并附上关键操作的截图；

（2）提交任务报告并保留每个任务的完整工程文件。

四、任务实施

圆锯机如图 2.10.1 所示。

1. 工程要求

（1）工序：启动设备后进行原点设置，设定好型材长度后单击"自动运行"按钮可自动重复进行"进料—切割—退余料"的动作。

（2）触摸屏要求：能提供自动、手动两种控制方式，伺服报错后能使用触摸屏重置，在自动运行状态下隐藏手动运行的控制按键，能用图示展示当前状态（进料、出料、切割），能展示设备是否启动及今日的产量。

图 2.10.1　圆锯机

（3）硬件要求：利用 M241、ATV320 和 LXM28 完成上述功能的硬件部分调试。

本任务为开放任务，不必拘泥于例程，利用书中所学知识和自己的创新，自行修改添加功能，将设备优化。

2. 参考程序

触摸屏样例如图 2.10.2 所示。

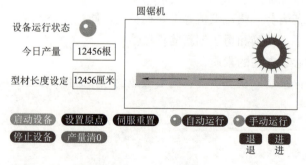

图 2.10.2　触摸屏样例

LXM28 控制参考程序如图 2.10.3 所示，ATV320 控制参考程序如图 2.10.4 所示，主程序变量定义如图 2.10.5 所示，主程序如图 2.10.6 所示。

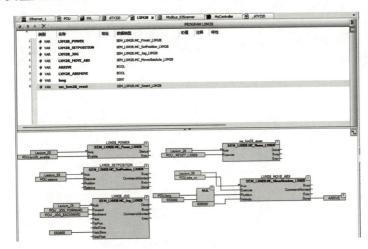

图 2.10.3　LXM28 控制参考程序

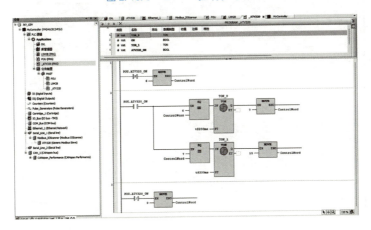

图 2.10.4　ATV320 控制参考程序

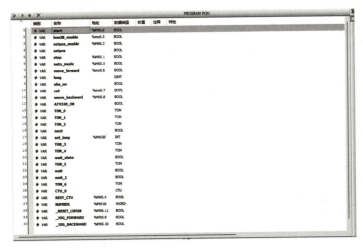

图 2.10.5　主程序变量定义

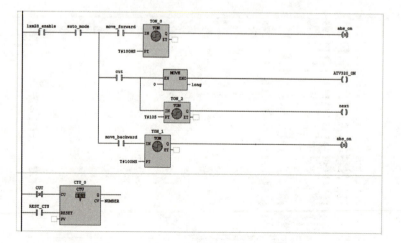

图 2.10.6　主程序

五、 任务评价

任务评价见表 2.10.1。

表 2.10.1　任务评价

评分要素	技术要求	配分	评分细则	得分	备注
程序设计	设计的代码能实现预期功能	60	1. 设计方案合理（15 分） 2. 程序代码整洁规范（10 分） 3. 功能完善（10 分） 4. 可读性强（10 分） 5. 调试通过（15 分）		
程序仿真	仿真可实现预期效果	15	实现仿真功能（15 分）		
硬件测试	硬件测试效果明显	20	1. 操作顺序合理（10 分） 2. 测试效果明显（10 分）		
安全文明生产	整理台面和仪器箱	5	1. 实验台面整洁、凳子放回原位（2 分） 2. 实验挂件齐全，无损毁（3 分）		
总分					